Nikon D750
完全摄影指南

雷剑／编著

内 容 提 要

本书从相机使用、摄影理论、实拍技巧三个层面，详细讲解了如何使用Nikon D750相机拍出好照片。其中以较大的篇幅讲解了Nikon D750相机的使用方法与技巧，并在讲解时融入了作者多年的拍摄经验，使各位读者能够在学习本书后快速从初学者成长为行家里手。

此外，本书还深入讲解了曝光三要素、对焦模式、快门驱动模式、构图美学知识、光影美学知识、色彩美学知识，并展示了包括风光、植物、人像、儿童、建筑、夜景、宠物与鸟类的拍摄技法与思路。

图书在版编目（CIP）数据

Nikon D750 完全摄影指南 / 雷剑编著. — 北京：中国电力出版社，2016.10
ISBN 978-7-5123-9547-3

Ⅰ.①N… Ⅱ.①雷… Ⅲ.①数字照相机-单镜头反光照相机-摄影技术-指南
Ⅳ.①TB86-62②J41-62

中国版本图书馆CIP数据核字（2016）第161046号

中国电力出版社出版、发行
（北京市东城区北京站西街 19 号 100005 http://www.cepp.sgcc.com.cn）
北京盛通印刷股份有限公司印刷
各地新华书店经售

*

2016 年 10 月第一版　2016 年 10 月北京第一次印刷
889 毫米 ×1194 毫米　16 开本　16 印张　471 千字
印数 0001—2500 册　定价 69.00 元（含 1DVD）

前 言

“工欲善其事，必先利其器。”——孔子（春秋）《论语•卫灵公》。

这句话的意思是说，一个做手工或工艺的人，要想把工作做完、做好，应该先将没有的工具准备好，而那些已经有了的工具，也要检查是否合用，并且要能够熟练地运用这些工具。

虽然，孔子的名言至今已经有2000多年，但从目前看来，仍然是一条放之四海皆准的至理，在摄影这个行业也不例外。

简单地说，如果要拍出好照片，不仅要有好用、够用的摄影器材，而且还得能够熟练地使用摄影器材。这就是孔子的名言对每一个摄影爱好者的启示。

本书的目的正是帮助各位摄影爱好者更深入全面地认识、熟练而又富有技巧地运用手中的相机，拍出好照片。

许多摄影爱好者认为，能够设置P、S、A、M各个曝光模式，能够正确对焦、能够拍出背景虚化的人像，就算是掌握相机了，殊不知这种程度连入门都算不上。

要做到熟练地运用相机，笔者认为最起码能够在不查资料的情况下，正确回答以下10个问题中的8个：

1.如何直接拍摄出单色照片？

2.如何让竖向持机拍摄的照片在浏览时自动旋转90°？

3.自定义白平衡的步骤是什么？

4.如何让拍摄出来的每一张照片都偏一点点蓝色或红色？

5.如何客观判断拍摄的照片是否过曝？

6.如何利用声音提示对焦是否成功？

7.如何客观判读照片的曝光情况？

8.什么是图像区域，用来做什么的？

9.如何更好地利用曝光补偿进行拍摄？

10.在未携带三脚架的情况下，如何拍摄出清晰的照片？

这些问题的答案都不复杂，只要认真阅读学习本书，就能够轻松地正确回答这些问题。除讲解关于Nikon D750相机本身的知识外，本书还深入讲解了曝光三要素、对焦模式、快门释放模式、构图美学知识、光影美学知识、色彩美学知识，使各位读者在阅读学习后，不仅掌握有关相机的使用方法与技巧，还对摄影基本理论有更深层次的认识。

本书的第11~18章，讲解了包括风光、植物、人像、儿童、建筑、夜景、宠物与鸟类、微距等在内的，多种常见摄影题材的拍摄思路与技法。因为摄影是一种操作、体验性较强的艺术门类，只有针对不同的题材进行反复拍摄练习，才能够真正在练习中掌握相机的使用技巧、理解曝光的原理、掌握拍摄的技法。

欢迎各位读者加入以下摄影学习交流QQ群：247292794、341699682、190318868。

本书是集体劳动的结晶，参与本书编写相关工作的还有刘丽娟、杜林、李冉、贾宏亮、史成元、白艳、赵菁、杨茜、陈栋宇、陈炎、金满、李懿晨、赵静、黄磊、袁冬焕、陈文龙、宗宇、徐善军、梁佳佳、邢雅静、陈会文、张建华、孙月、张斌、邢晶晶、秦敬尧、王帆、赵雅静、周丹、吴菊、李方兰、王芬、刘肖、周小彦、苑丽丽、左福、范玉婵、刘志伟、邓冰峰、詹曼雪、黄正等。

作者

2016年5月

目录

第5章 对焦与驱动模式

第6章 即时取景与视频拍摄

第7章 成为摄影高手必修美学之构图

第8章 成为摄影高手必修美学之光影

第9章 光影运用技巧

第10章 成为摄影高手必修美学之色彩

第11章 风光摄影

第12章 植物摄影

第13章 人像摄影

第14章 儿童摄影

第15章 建筑摄影

第16章 夜景摄影

第17章 宠物与鸟类摄影

第18章 微距摄影

第1章

Nikon D7500的全局结构及基本操作方法

Nikon D750 相机正面结构

副指令拨盘

通过旋转副指令拨盘可以改变光圈、色温的数值，或用于播放照片等

AF 辅助照明器/自拍指示灯/防红眼灯

当拍摄场景的光线较暗时，该灯也会亮起，以辅助对焦；当设置自拍模式时，此灯会连续闪光进行提示；使用防红眼闪光模式时，此灯会在主闪光前点亮 1 秒

镜头安装标志

将镜头上的白色标志与机身上的白色标志对齐，旋转镜头即可完成镜头的安装

快门释放按钮

半按快门可以开启相机的自动对焦及测光系统，完全按下时即可完成拍摄。当相机处于省电状态时，轻按快门可以恢复工作状态

红外线接收器（前）

用于接收遥控器信号

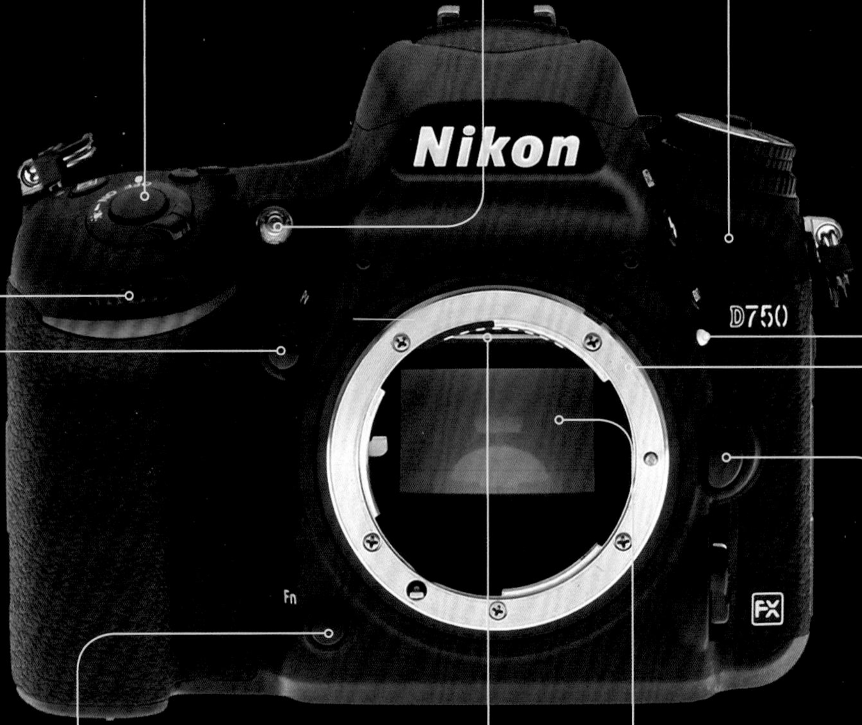

Fn功能按钮

此按钮为自定义功能按钮，在“f4 指定 Fn 按钮”菜单中可指定其功能

CPU接点

通过 CPU 接点，相机可以识别 CPU 镜头(特别是 G 型和 D 型)

镜头释放按钮

用于拆卸镜头，按下此按钮并旋转镜头的镜筒，可以把镜头从机身上取下来

Pv按钮

此按钮的默认功能为预览景深，在“f3 指定预览按钮”菜单中可将其变更为其他功能

反光板

能够将从镜头进入的光线反射至取景器内，使摄影师能够通过取景器进行取景、对焦

镜头卡口

尼康数码单反相机采用 AF 卡口，可安装所有此卡口的镜头

Nikon D750 相机顶部结构

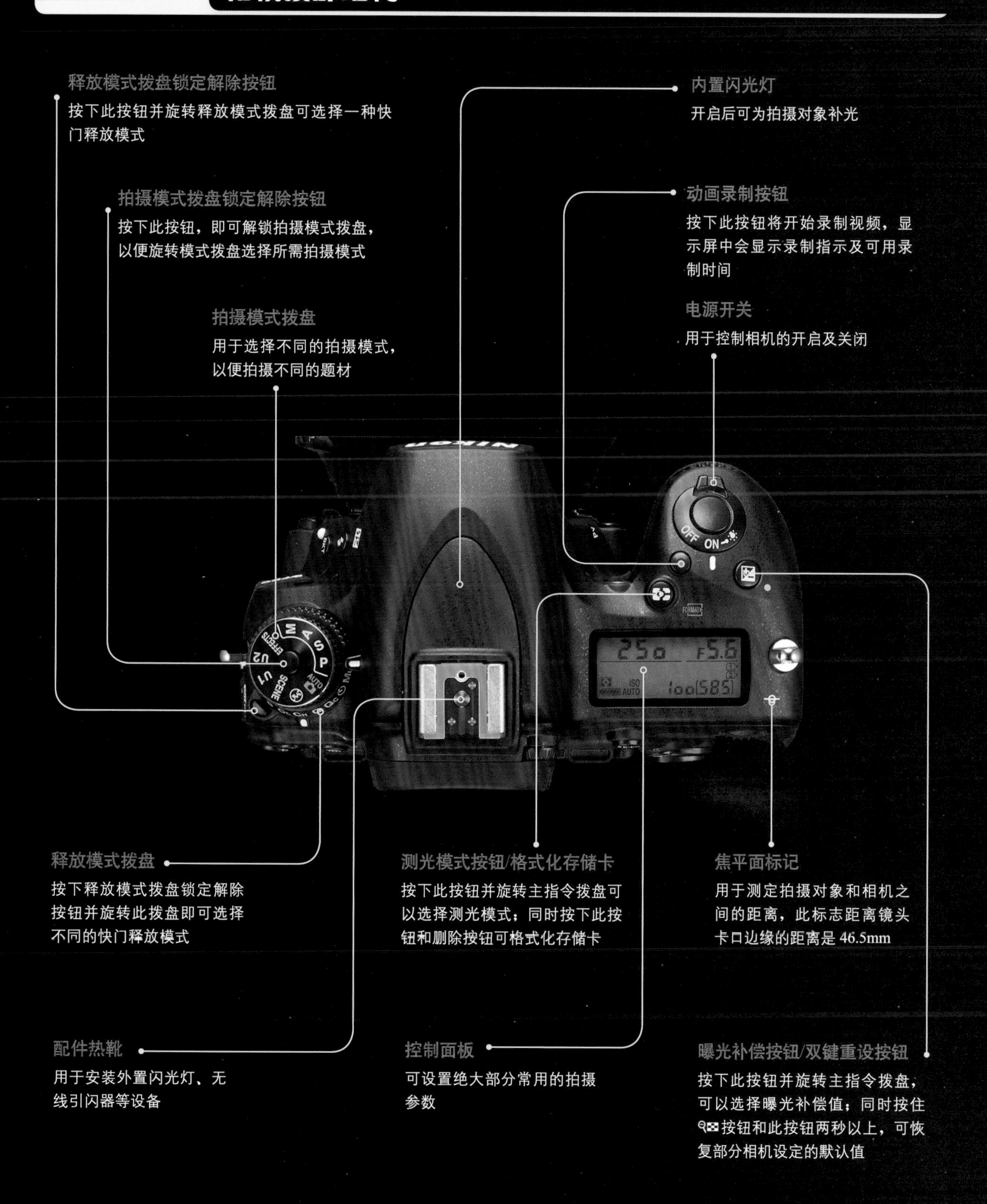

Nikon D750 相机背面结构

MENU菜单按钮

按下此按钮后可显示相机的菜单

橡胶接目镜罩

用于隔离眼睛与取景器，其软性橡胶质地能够提升拍摄时眼睛的舒适度

屈光度调节控制器

对于视力不好又不想戴眼镜拍摄的用户，可以通过调整屈光度的方法使拍摄者能够在取景器中看到清晰的影像

缩略图按钮/ 缩小按钮/ISO按钮/自动ISO感光度控制/双键重设按钮

在回放照片时，按下此按钮可以缩小缩略图或照片的显示比例；按下此按钮并旋转主指令拨盘直至控制面板或取景器中显示所需 ISO 感光度；按下此按钮并旋转副指令拨盘，可开启或关闭自动 ISO 感光度控制功能；同时按下此按钮和曝光补偿按钮 2s 以上，可将部分相机的设定恢复为默认值

放大播放按钮/图像品质、尺寸按钮

在查看已拍摄的照片时，可以放大照片以观察其局部；按下此按钮并旋转主指令拨盘，可以选择图像品质；按下此按钮并旋转副指令拨盘，可以选择图像尺寸

即时取景选择器

将即时取景选择器旋转至📷，可以在即时取景状态下拍摄照片；将即时取景选择器旋转至🎥，可以在即时取景状态下录制视频

帮助/保护/白平衡按钮

在选择菜单命令或功能时，按下此按钮可查看相关的帮助与提示；在查看照片时，按下此按钮可以保护该照片；按下此按钮并转动主指令拨盘可以选择白平衡模式

扬声器

用于播放声音

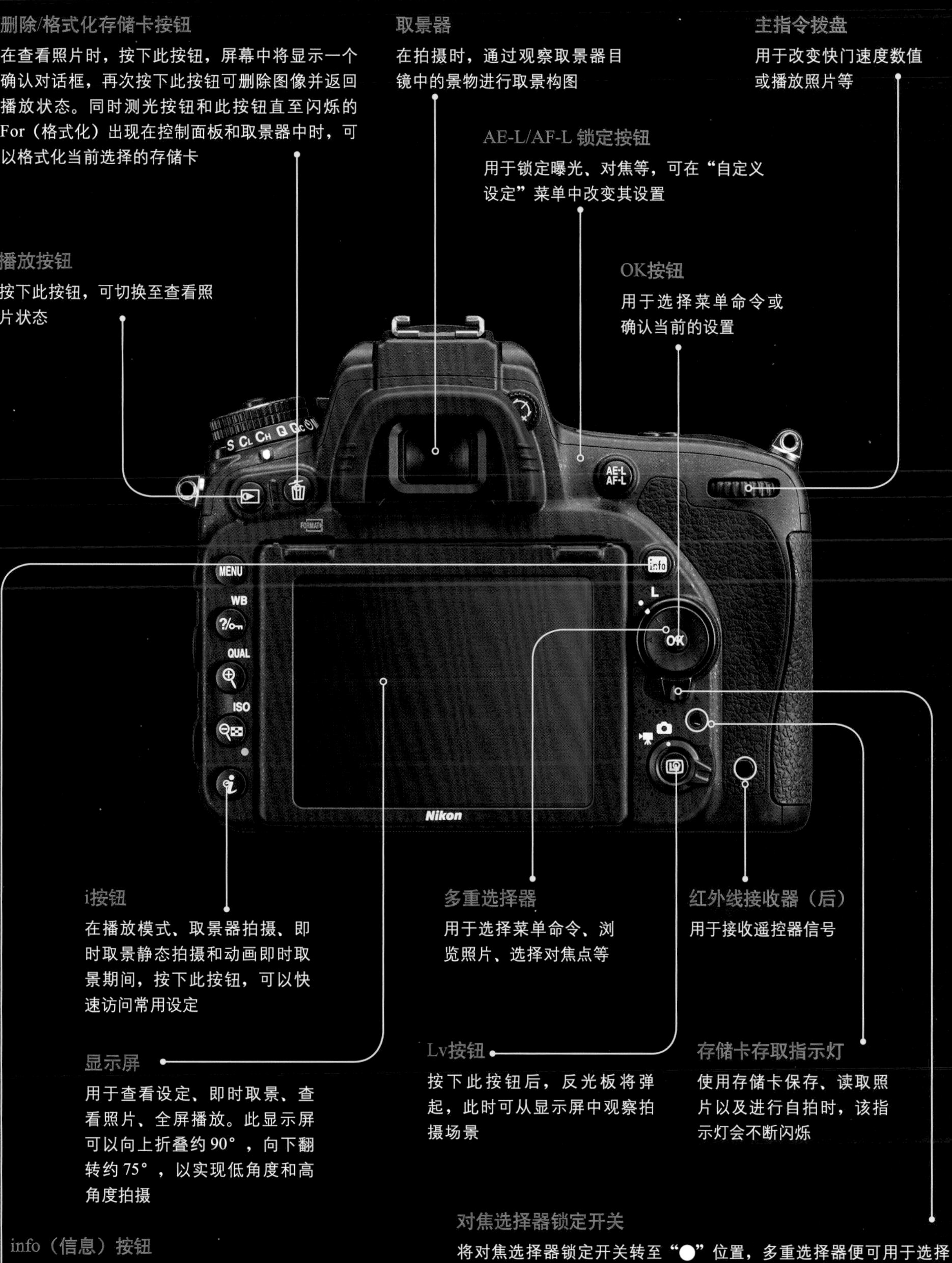
删除/格式化存储卡按钮
在查看照片时，按下此按钮，屏幕中将显示一个确认对话框，再次按下此按钮可删除图像并返回播放状态。同时测光按钮和此按钮直至闪烁的For（格式化）出现在控制面板和取景器中时，可以格式化当前选择的存储卡
取景器
在拍摄时，通过观察取景器目镜中的景物进行取景构图
主指令拨盘
用于改变快门速度数值或播放照片等
AE-L/AF-L 锁定按钮
用于锁定曝光、对焦等，可在“自定义设定”菜单中改变其设置
播放按钮
按下此按钮，可切换至查看照片状态
OK按钮
用于选择菜单命令或确认当前的设置
i按钮
在播放模式、取景器拍摄、即时取景静态拍摄和动画即时取景期间，按下此按钮，可以快速访问常用设定
多重选择器
用于选择菜单命令、浏览照片、选择对焦点等
红外线接收器（后）
用于接收遥控器信号
显示屏
用于查看设定、即时取景、查看照片、全屏播放。此显示屏可以向上折叠约90°，向下翻转约75°，以实现低角度和高角度拍摄
Lv按钮
按下此按钮后，反光板将弹起，此时可从显示屏中观察拍摄场景
存储卡存取指示灯
使用存储卡保存、读取照片以及进行自拍时，该指示灯会不断闪烁
对焦选择器锁定开关
将对焦选择器锁定开关转至“●”位置，多重选择器便可用于选择对焦点，当将对焦选择器锁定开关转至“L”时，将锁定所选对焦点的位置
info（信息）按钮
按下此按钮可开启或关闭显示屏的信息显示

Nikon D750 相机侧面结构

Nikon D750 相机底部结构

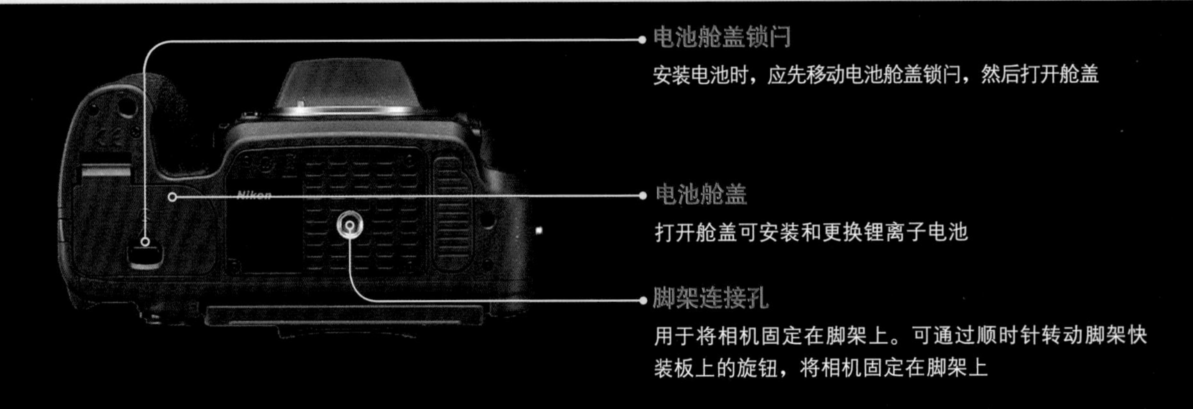

Nikon D750 相机控制面板

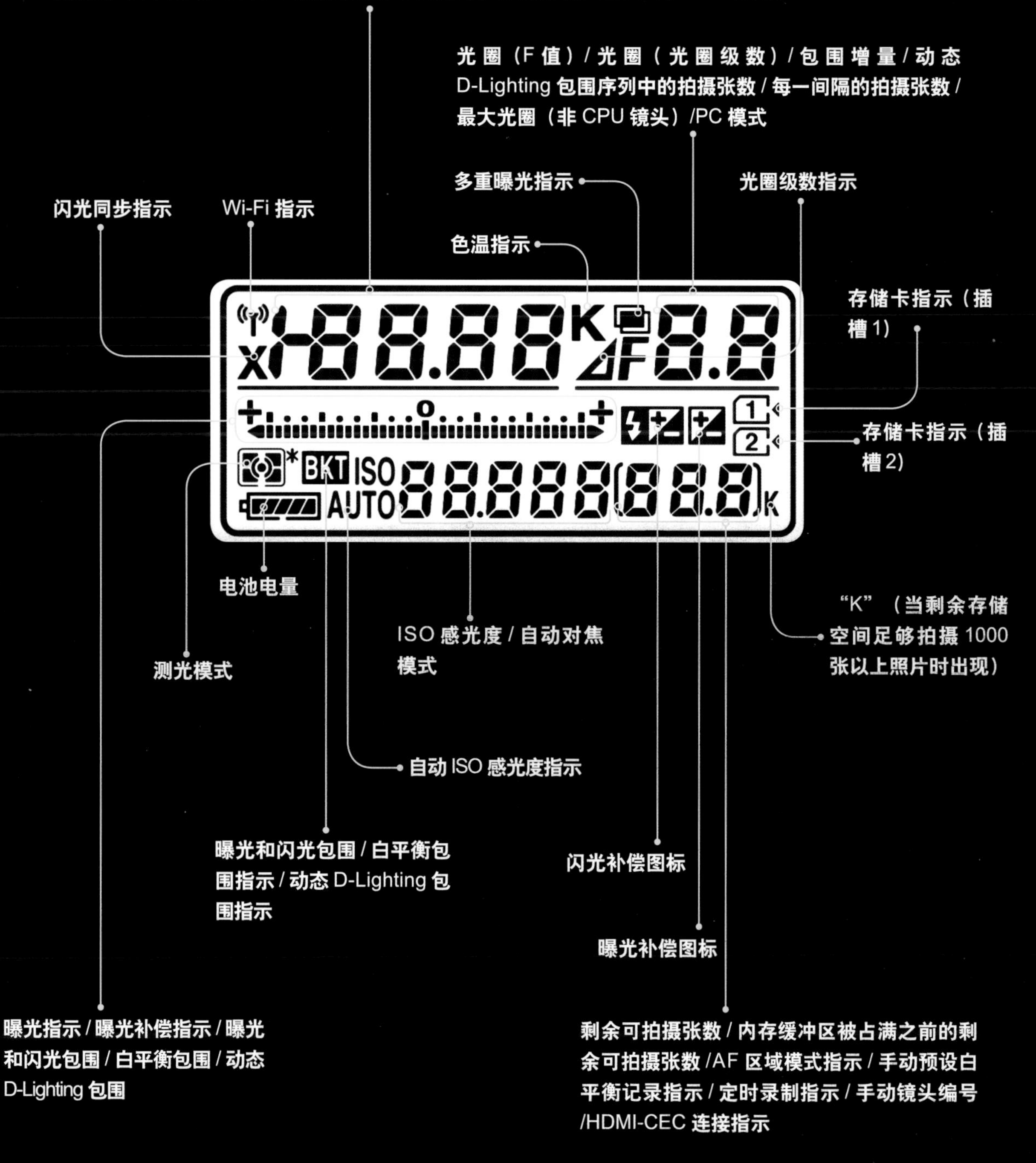

Nikon D750 相机光学取景器

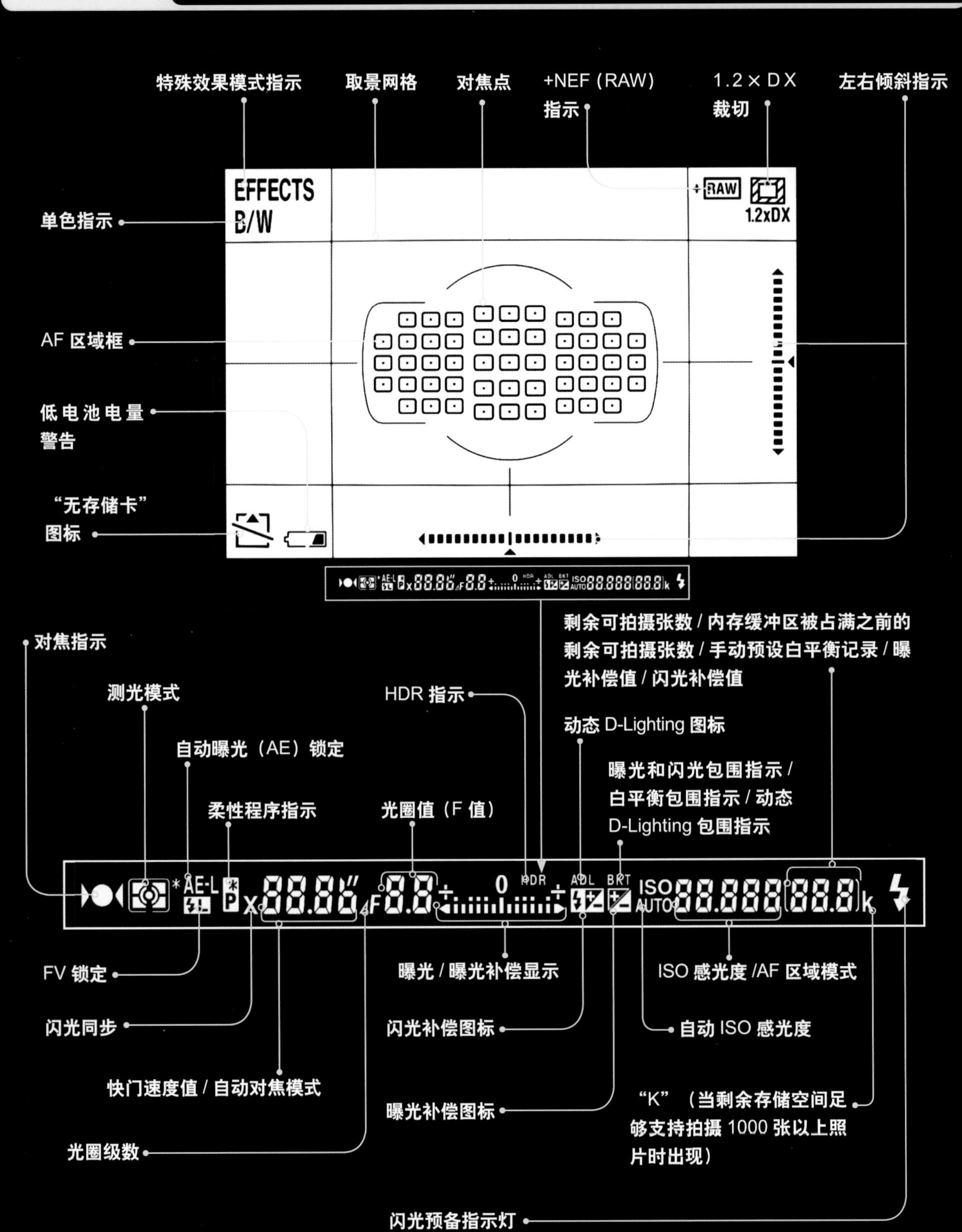

相机显示屏参数

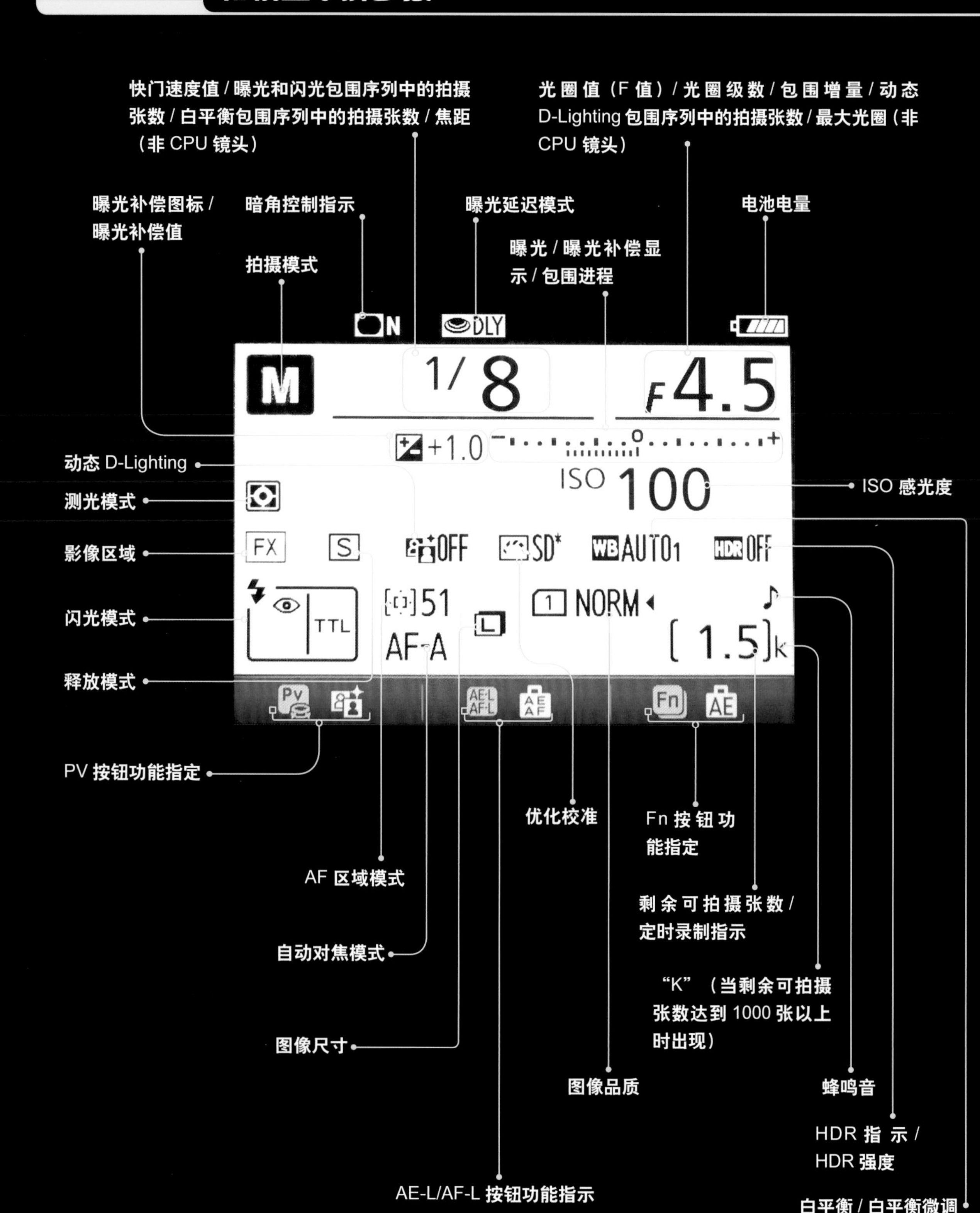

快门速度值 / 曝光和闪光包围序列中的拍摄张数 / 白平衡包围序列中的拍摄张数 / 焦距（非 CPU 镜头）
光圈值（F 值）/ 光圈级数 / 包围增量 / 动态 D-Lighting 包围序列中的拍摄张数 / 最大光圈（非 CPU 镜头）
曝光补偿图标 / 曝光补偿值
暗角控制指示
曝光延迟模式
电池电量
拍摄模式
曝光 / 曝光补偿显示 / 包围进程
N
DLY
M
1/8
F4.5
+1.0
ISO 100
FX
S
OFF
SD*
AUTO1
HDR OFF
51
TTL
AF-A
L
NORM
[1.5]k
Pv
AE-L AF-L
AE AF
Fn
AE
动态 D-Lighting
测光模式
影像区域
闪光模式
释放模式
PV 按钮功能指定
ISO 感光度
优化校准
Fn 按钮功能指定
AF 区域模式
剩余可拍摄张数 / 定时录制指示
自动对焦模式
"K"（当剩余可拍摄张数达到 1000 张以上时出现）
图像尺寸
图像品质
蜂鸣音
HDR 指示 / HDR 强度
AE-L/AF-L 按钮功能指示
白平衡 / 白平衡微调

掌握相机的基本使用方法

Nikon D750 显示屏的基本使用方法

Nikon D750作为一款全画幅数码单反相机，除了可以按各种按钮进行常用参数设置外，还可以在取景器拍摄过程中，通过按下*i*按钮显示一个较常用功能菜单来快速设置参数。

在快速菜单中，可以对选择影像区域、设定优化校准、动态D-Lighting、HDR（高动态范围）、遥控模式（ML-L3）、指定Fn按钮、指定预览按钮、指定AE-L/AF-L按钮、长时间曝光降噪、高ISO降噪等功能菜单进行设置。

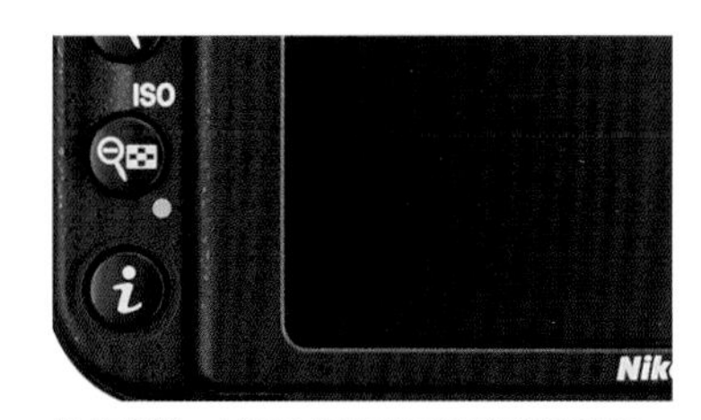

操作步骤：按下*i*按钮显示快速菜单列表，当设置完成后再次按下*i*按钮返回拍摄信息显示

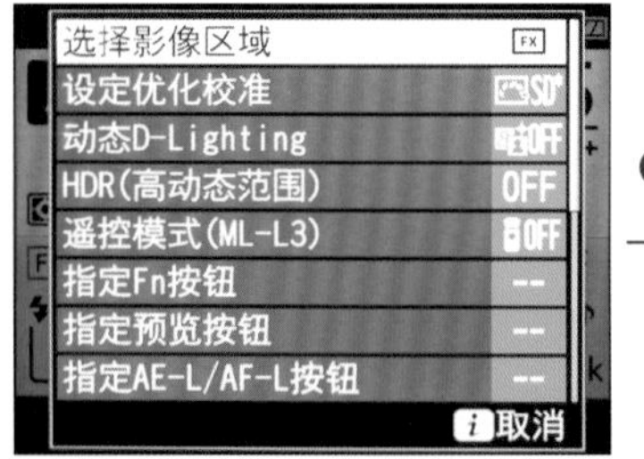

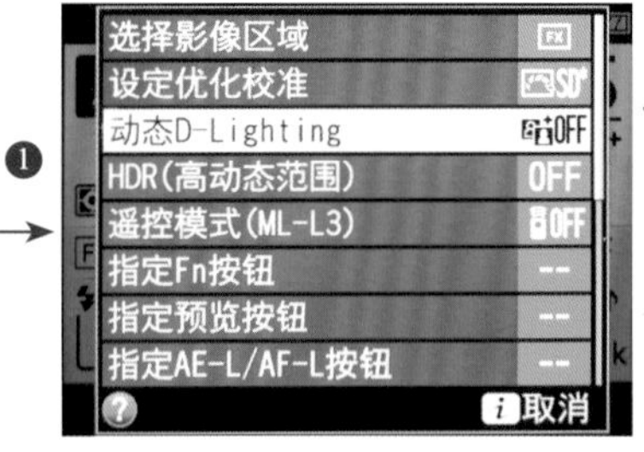

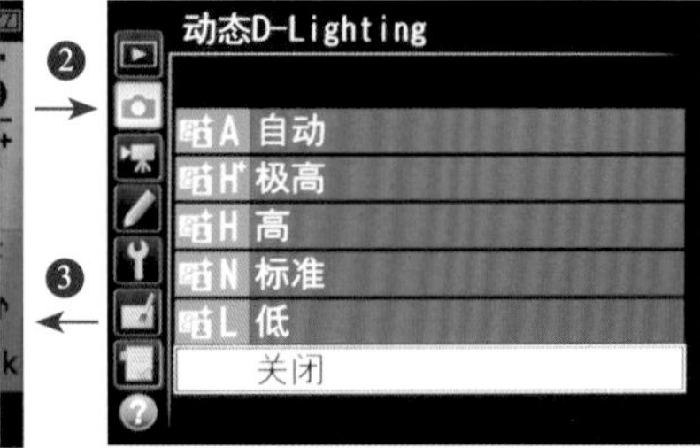

❶使用◀或▶方向键选择要设置的功能。

❷按下OK按钮可以进入菜单项目的具体参数设置界面。

❸按▲或▼方向键选择不同的参数，然后按下OK按钮即可确定更改并返回初始界面。

焦　　距 ▷ 16mm
光　　圈 ▷ F13
快门速度 ▷ 1/25s
感 光 度 ▷ ISO200

Nikon D750 菜单的基本设置方法

Nikon D750的菜单功能非常强大，熟练掌握菜单相关的操作，可以帮助我们进行更快速、准确的设置。下面先来介绍一下机身上与菜单设置相关的功能按钮。

下面先来介绍一下机身上与菜单设置相关的功能按钮。

使用菜单时，可以先按下MENU按钮，在显示屏中就会显示菜单项目，位于菜单左侧从上到下有8个图标，代表8个菜单项目，依次为播放▶、照片拍摄📷、动画拍摄🎥、自定义设定✏、设定🔧、润饰🖌、我的菜单📋以及最底部的“?”图标（即帮助图标）。当“?”图标出现时，表明有帮助信息，此时可以按下帮助按钮进行查看。

菜单的基本操作方法如下。

❶ 要在各个菜单项之间进行切换，可以按下◀方向键切换至左侧的图标栏，再按下▲或▼方向键进行选择。

❷ 在左侧选择一个菜单项目后，按下▶方向键可进入下一级菜单中，然后可按下▲或▼方向键选择其中的子菜单命令。

❸ 选择一个子菜单命令后，再次按下▶方向键进入其参数设置页面，可以使用主指令拨盘、多重选择器等在其中进行参数设置。

❹ 参数设置完毕后，按下OK按钮即可确定参数设置。在大部分情况下，还可以按下▶方向键保存设置；如果按下◀方向键，则返回上一级菜单中，并不保存当前的参数设置。

❶在左列选择菜单项

❷选择子菜单选项

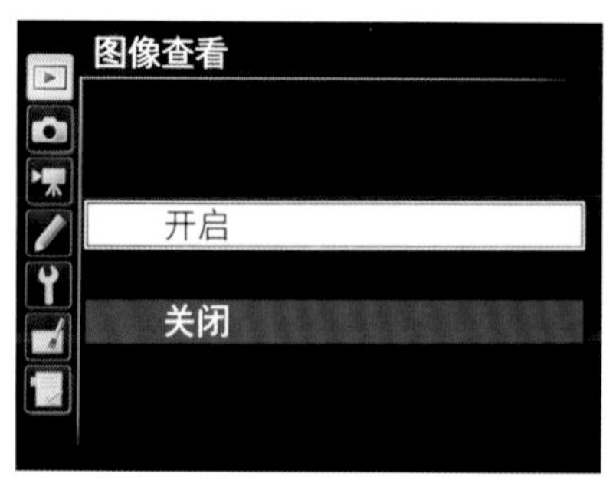

❸进行参数选择及设置

Nikon D750 控制面板（肩屏）的基本使用方法

除了上面讲解的显示屏外，Nikon D750的控制面板（也被许多摄友称为“肩屏”）也是在参数设置时不可或缺的重要部件，甚至可以说，控制面板中已经囊括了几乎全部常用参数，这已经足以满足我们进行绝大部分常用参数设置的需要了。

通常情况下，在机身上按下相应的按钮，然后转动主指令拨盘即可调整相应的参数。

光圈、快门速度等参数，在某些拍摄模式下，直接转动主指令拨盘或副指令拨盘即可进行设置，而无需按下任何按钮。右图展示了使用控制面板设置ISO感光度时的操作步骤。

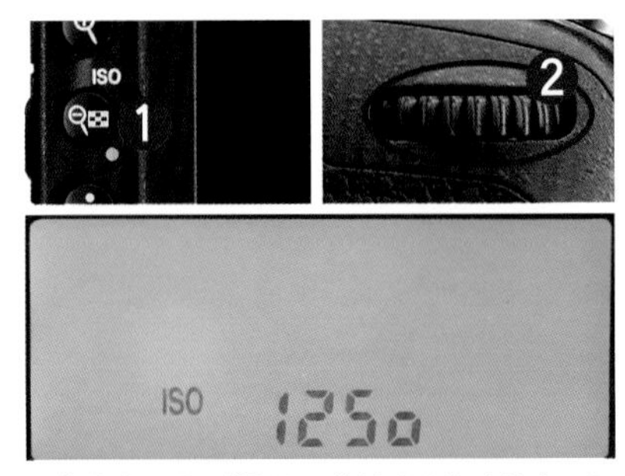

操作步骤：按下ISO按钮并转动主指令拨盘，即可调节ISO感光度的数值

调整取景器对焦清晰度

当摄影师通过取景器观察要拍摄的对象时，需要特别注意一点，即无论是采用自动对焦还是手动调焦，如果被摄对象看上去始终是模糊的，这时就要想到调整取景器的对焦清晰度。

按如下所示的步骤重新调整取景器的对焦状态，即可使其恢复到最清晰的状态。

操作步骤：按取下镜头盖并开启相机，注视取景器并旋转屈光度调节控制器，直至取景器显示的对焦点和AF区域框都达到最清晰的状态

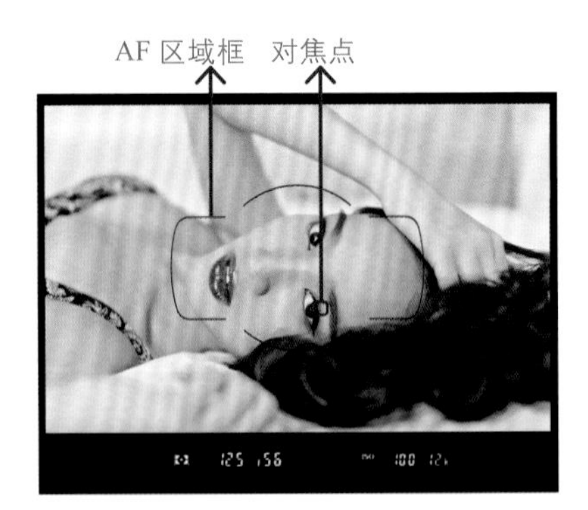

▲ 通过调整取景器的对焦清晰度，拍摄出焦点清晰、曝光合适的照片

焦　　距 ▷ 85mm
光　　圈 ▷ F3.2
快门速度 ▷ 1/180s
感 光 度 ▷ ISO200

菜单结构图

熟练掌握与菜单相关的操作，可以帮助我们进行更快速、准确的设置。

右图展示了Nikon D750相机的菜单结构，仔细观察学习右图标注的菜单，有助于在后面章节中快速掌握各个菜单功能的操作步骤。

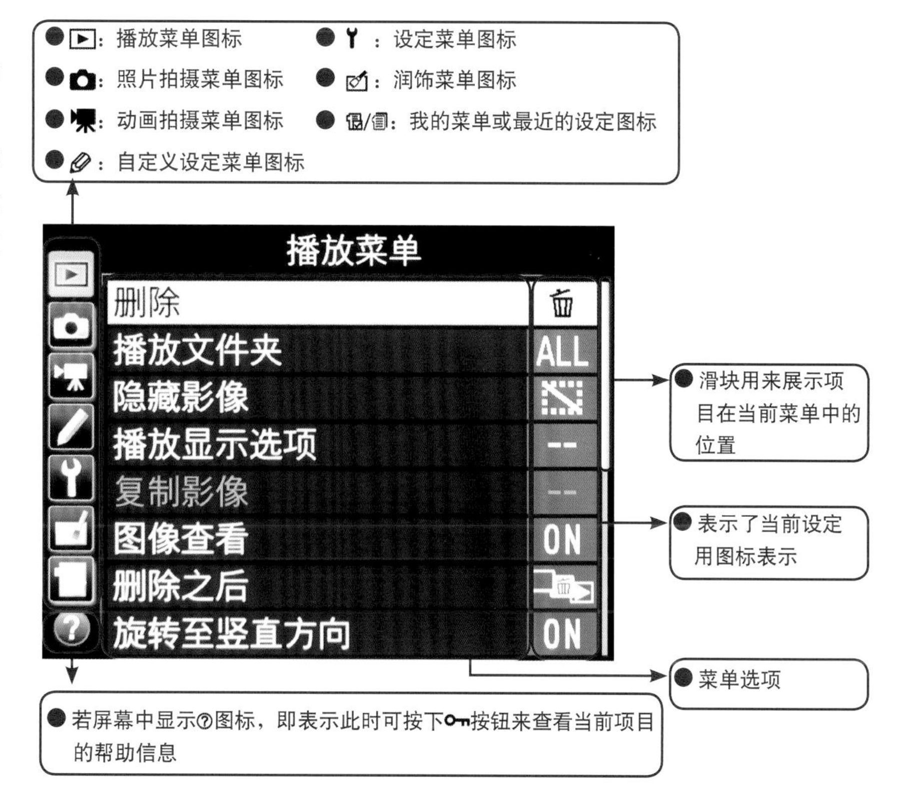

第 2 章

「播放与拍摄菜单重要功能详解」

播放菜单

删除

功能要点：当希望释放存储卡空间或删除多余的照片时，可以利用此菜单删除一张、多张、某个文件夹中甚至整个存储卡中的照片。

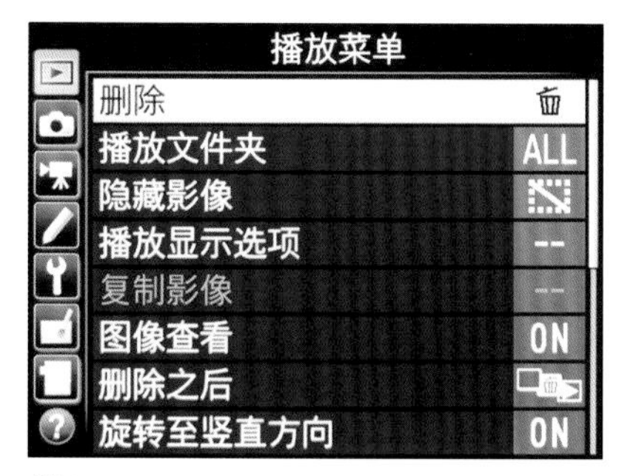

❶在**播放菜单**中选择**删除**选项

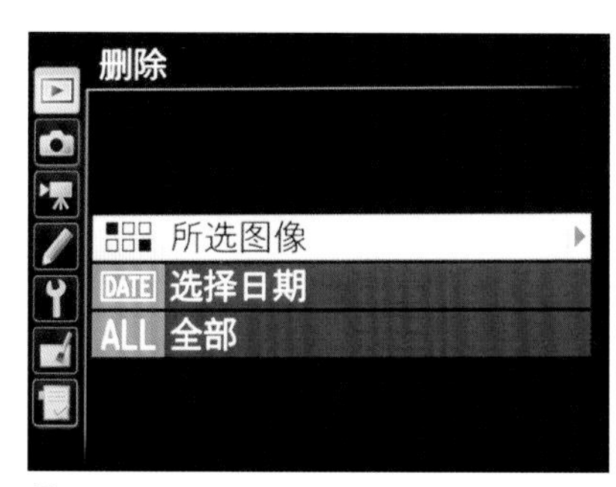

❷按▲或▼方向键选择**所选图像**选项，可以手动选择要删除的图像

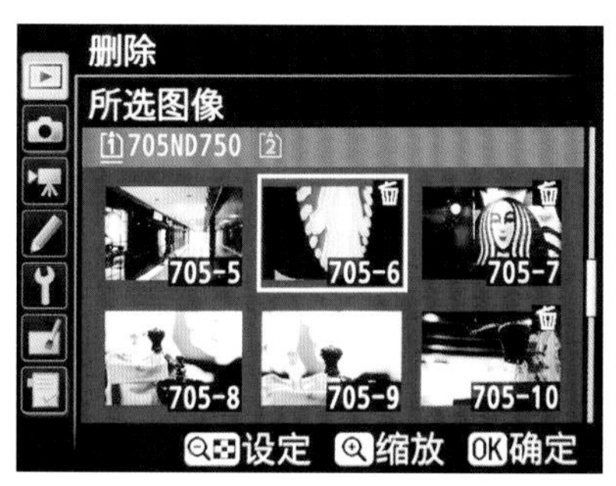

❸使用**多重选择器**选择要删除的照片，按下按钮确定当前所选图像，此时在其右上角会出现删除图标，然后按下 OK 按钮

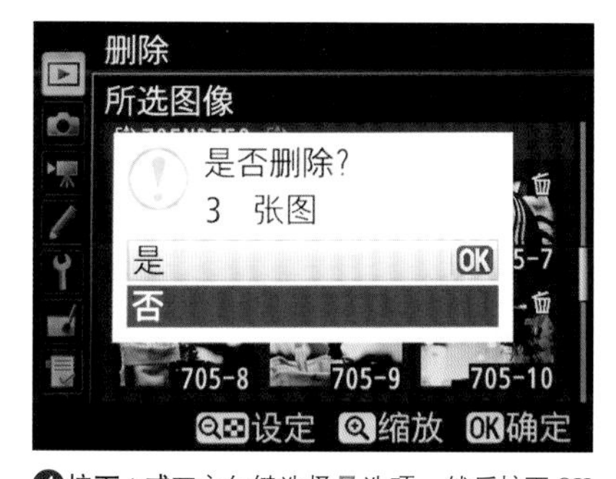

❹按下▲或▼方向键选择**是**选项，然后按下 OK 按钮，即可删除选中的图像

❺如果在步骤❷中选择**选择日期**选项，可按所选日期删除照片

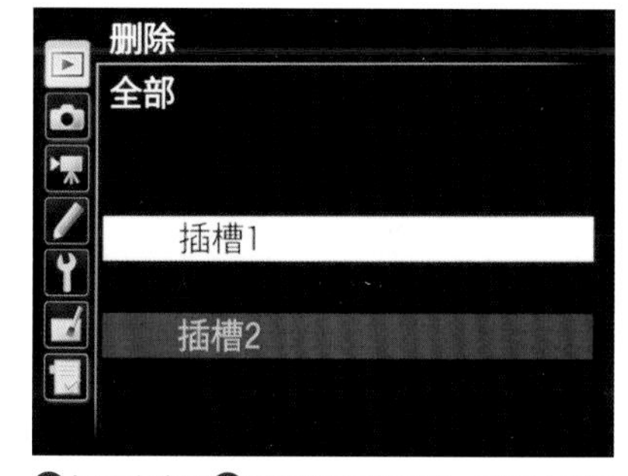

❻如果在步骤❷中选择**全部**选项，按下▲或▼方向键选择一个插槽选项，然后按下 OK 按钮

选项释义

- **所选图像**：选择此选项，可选中单张或多张照片进行删除。
- **选择日期**：选择此选项，可在所选日期拍摄的所有照片进行删除。
- **全部**：选择此选项，可删除存储卡中的所有照片。

使用经验：尽量少使用“ALL 全部”选项，以避免误删。另外，绝大多数恢复误删除文件的软件不能100%恢复被误删文件，因此删除照片时要谨慎操作。

播放显示选项

功能要点：该菜单用于选择回放时照片信息显示中可用的信息，其中包括对焦点、加亮显示、RGB直方图及拍摄数据等选项。

在播放照片时，按▼或▲方向键，可切换显示基本信息与图像浏览两种状态，若按下info按钮，则可以按在“播放显示选项”菜单中选中的选项，以不同的状态显示照片。

操作步骤：选择播放菜单中的播放显示选项，按下▲或▼方向键加亮显示一个选项，然后按下▶方向键勾选用于照片信息显示的选项，选择完成后按下OK按钮确定

选项释义

● 对焦点：选择此选项，则图像对焦点将以红色显示，这时如果发现焦点不准确可以重新拍摄。

● 无（仅影像）：选择此选项，则在播放照片时将隐藏其他内容，而仅显示当前的图像。

● 加亮显示：选择此选项，可以帮助用户发现所拍摄图像中曝光过度的区域，如果想要表现曝光过度区域的细节，就需要适当减少曝光。

● RGB直方图：选择此选项，在播放照片时可查看亮度与RGB直方图，从而更好地把握画面的曝光及色彩。

● 拍摄数据：选择此选项，可显示主要拍摄数据。

● 概览：选择此选项，在播放照片时，将能查看到这幅照片的详细拍摄参数。

使用经验：如果在一个反光较强的环境下进行拍摄，应该确保在此菜单中选中“加亮显示”选项。

因为受显示屏亮度及拍摄时周边环境的影响，在相机上查看图像时，并不能准确地分辨出画面的曝光情况，而选中“加亮显示”选项后可以更方便地判断出画面曝光过度区域。如果区域过大，可以重新拍摄，而如果只是照片的较小部分以高光形式出现，可忽略不计。

▲ 在光线较强的时候拍摄海边风光时，会由于太阳光强烈，使沙滩曝光过度，影响到画面美感，需要考虑重新拍摄

▲ 通过改变角度和构图，使画面中只出现小面积的曝光过度情况，因此不会影响画面表现

▲ 使用加亮显示功能，曝光过度的地方会以黑色闪烁的形式警告，可以及时发现曝光是否合适，以便重新拍摄。略微过曝的沙滩由于在画面中所占的面积较小，不影响画面整体美感，而局部高光使画面变得丰富

焦　距 ▷ 28mm
光　圈 ▷ F10
快门速度 ▷ 1/640s
感 光 度 ▷ ISO100

旋转至竖直方向

功能要点：该菜单用于设置在播放以竖向持机拍摄的照片时，是否将竖拍照片旋转为竖向显示，以便于查看。

选项释义

- 开启：选择此选项，竖拍照片在显示屏中将被自动旋转为竖向显示。
- 关闭：选择此选项，竖拍照片将以横向显示。

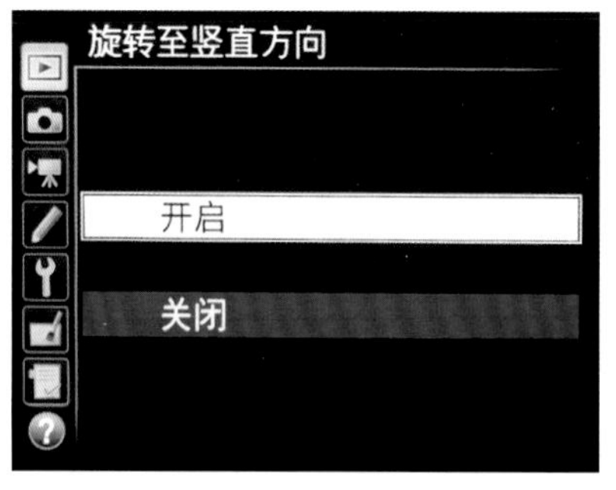

操作步骤：选择**播放**菜单中的**旋转至竖直方向**选项，按▲或▼方向键可选择**开启**或**关闭**选项

▲ 开启“旋转至竖直方向”功能时，竖拍照片的浏览状态

▲ 关闭“旋转至竖直方向”功能时，竖拍照片的浏览状态

使用经验：如果选择了“开启”功能，在查看图像时可以更好地审视和检查画面，便于及时纠正不美观的构图。

焦　　距 ▷ 85mm
光　　圈 ▷ F1.8
快门速度 ▷ 1/2500s
感 光 度 ▷ ISO250

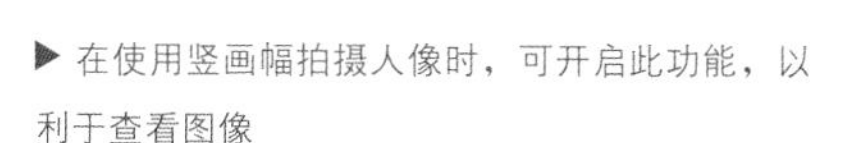

▶ 在使用竖画幅拍摄人像时，可开启此功能，以利于查看图像

播放文件夹

功能要点：在播放照片时，可以利用此菜单功能根据需要选择一个要播放的文件夹。

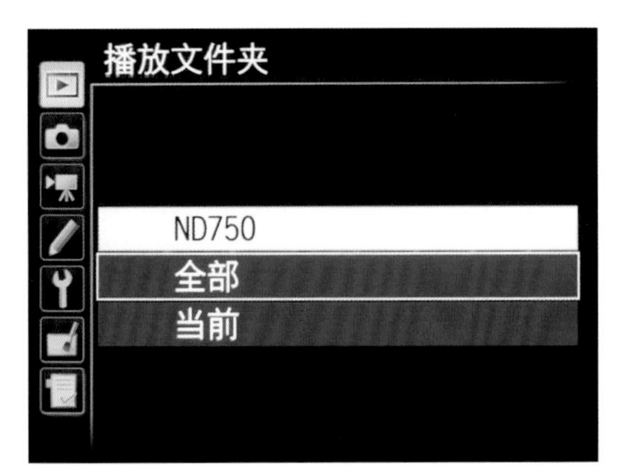

操作步骤：选择**播放**菜单中的**播放文件夹**选项，按▲或▼方向键可选择要播放照片的文件夹

选项释义

- ND750：选择此选项，将播放使用D750创建的所有文件夹中的照片。
- 全部：选择此选项，将播放所有文件夹中的照片。
- 当前：选择此选项，将播放当前文件夹中的照片。

使用经验：如果在播放照片时发现有一些照片没有被播放，要优先考虑在此菜单中将选项切换为“全部”。

删除之后

功能要点：该菜单用于显示选择删除图像后显示照片的方式。

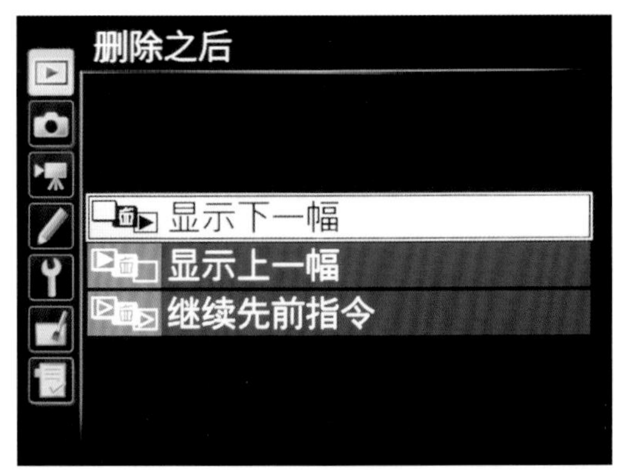

操作步骤：选择**播放**菜单中的**删除之后**选项，按▲或▼方向键可选择删除图像后查看的图像

选项释义

- 显示下一幅：选择此选项，将显示被删照片的下一张照片，如果所删除的照片是最后一张，则将显示前一张照片。
- 显示上一幅：选择此选项，将显示被删照片的上一张照片，如果所删除的照片是第一张，则将显示下一张照片。
- 继续先前指令：选择此选项，如果用户是按照拍摄顺序滚动照片，将显示下一张照片；如果用户是按相反顺序滚动显示照片，将显示上一张照片。

图像查看

功能要点：在拍摄环境变化不大的情况下，通常摄影师只是在开始调整拍摄参数并拍摄样片时，需要反复地查看拍摄得到的照片是否满意，而一旦确认了曝光、对焦方式等参数后，则不必每次拍摄后都显示并查看照片，此时，就可以通过“图像查看”菜单来关闭拍摄后相机自动显示照片的功能。

选项释义

- 开启：选择此选项，可在拍摄后查看照片，直至显示屏自动关闭或执行半按快门按钮等操作为止。
- 关闭：选择此选项，则照片只在按下播放按钮▶时才显示。

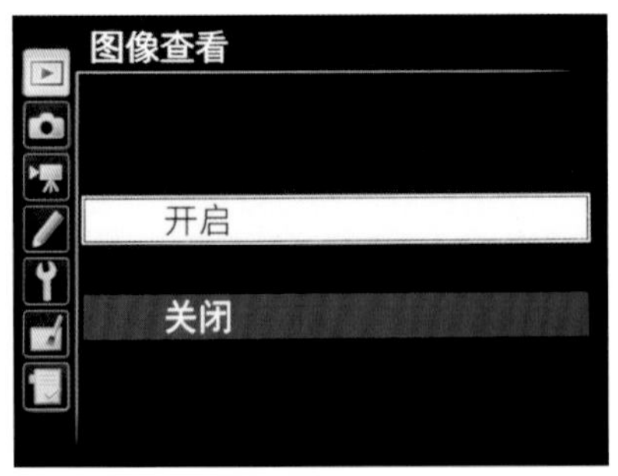

操作步骤：选择**播放**菜单中的**图像查看**选项，按▲或▼方向键可选择**开启**或**关闭**选项

拍摄菜单

图像品质

功能要点：该菜单用于选择文件格式和JPEG品质。我们可以根据照片的最终用途来选择不同的选项。

选项释义：在“图像品质”菜单中可选择的各个选项的含义如下表所示。

选　项	文件类型	说　明
NEF（RAW）	NEF	来自影像感应器的原始数据不经过进一步处理直接保存。适用于记录将传送至计算机进行打印或处理的影像。需要注意的是，NEF(RAW)图像被传送至计算机后，仅可通过与其兼容的软件查看
JPEG精细	JPEG	以大约1:4的压缩率记录JPEG图像（精细图像品质）
JPEG标准		以大约1:8的压缩率记录JPEG图像（标准图像品质）
JPEG基本		以大约1:16的压缩率记录JPEG图像（基本图像品质）
NEF（RAW）+JPEG精细	NEF/JPEG	记录两张图像：一张 NEF(RAW)图像和一张精细品质的JPEG图像
NEF（RAW）+JPEG标准		记录两张图像：一张NEF(RAW)图像和一张标准品质的JPEG图像
NEF（RAW）+JPEG基本		记录两张图像：一张NEF(RAW)图像和一张基本品质的JPEG图像

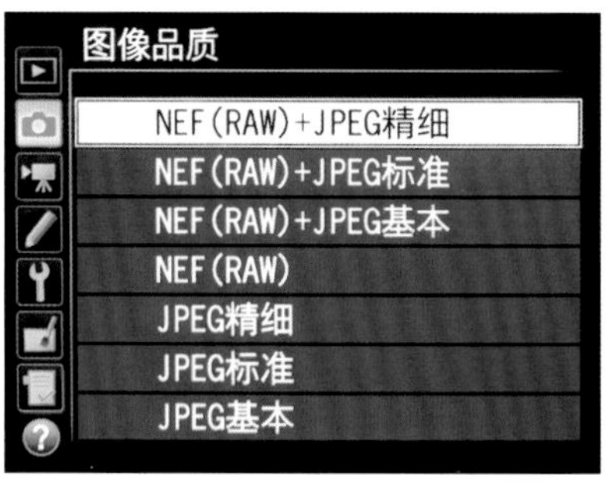

操作步骤：选择照片拍摄菜单中的图像品质选项，按▲或▼方向键可选择文件存储的格式及品质

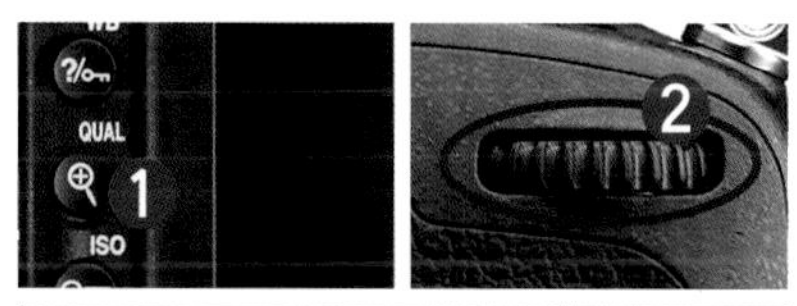

操作步骤：按下 QUAL 按钮并同时转动主指令拨盘，即可选择不同的图像品质

▼ 使用NEF格式拍摄的照片，经过后期调整成两幅风格迥异的画面效果，右上图是增加了色彩饱和度，画面冷暖的对比效果更加突出；右下图则增加了色温值，得到暖黄调的画面，突出了画面温暖的感觉

▲ 使用NEF格式拍摄的照片，经过后期调整成两幅风格迥异的画面效果，右上角是更换成了白炽灯模式，画面明显偏冷，植物也变成了嫩绿色，仿佛回到了初春的季节；右下角则增加了对比度，使橘黄的树木与蓝天的对比更加明显，画面显得更加明朗、干净

从上面的两组照片能够清楚地看出来，使用NEF格式拍摄的照片，在后期处理方面有较大的潜力。

JPEG与NEF格式的特点对比如下表所示。

JPEG与NEF格式的优劣对比

格式	JPEG	NEF
占用空间	占用空间较小	占用空间很大，通常比相同尺寸的JPEG图像要大4~6倍
成像质量	虽然有压缩，但肉眼基本看不出来	以肉眼对比来看，基本看不出与JPEG格式的区别，但放大观看时照片能够达到更平滑的梯度和色调过渡
宽容度	此格式的图像是由数字信号处理器进行过加工的格式，进行了一定的压缩，虽然肉眼难以分辨，但确实少了很多细节。在对照片进行后期处理时容易发现这一点，对阴影（高光）区域进行强制性提亮（降暗）时，照片的画面会出现色条或噪点	NEF格式是原始的、未经数码相机处理的影像文件格式，它反映的是从影像传感器中得到的最直接的信息，是真正意义上的“数码底片”。由于NEF格式的影像未经相机的数字信号处理器调整清晰度、反差、色彩饱和度和白平衡，因而保留了丰富的图像原始数据，从后期处理角度来看，潜力巨大
可编辑性	如Photoshop、光影魔术手、美图秀秀等软件均可直接对其进行编辑，并可直接发布于QQ相册、论坛、微信、微博等网络媒体	需要使用专门的软件进行解码，然后导出成为JPEG格式的照片
适用题材	日常、游玩等拍摄	强调专业性、商业性的题材，如人像、商品静物等

使用经验：就图像质量而言，虽然采用“精细”、“标准”和“基本”品质拍摄的结果用肉眼不容易分辨出来，但画面的细节和精细程度还是有很大影响的，因此除非万不得已（如存储卡空间不足等），应尽可能使用“精细”品质。

另外，如果是用于专业输出或希望为后期调整留出较大的空间等，则应采用NEF格式；如果只是日常的记录或是要求不太严格的拍摄，使用JPEG格式即可；如果需要进行高质量的专业输出，可选择TIFF格式。

图像尺寸

功能要点：图像尺寸直接影响着最终输出照片的大小，通常情况下，只要存储卡空间足够，那么就建议使用大尺寸，以便于后期进行二次构图等调整。

在“图像品质”菜单中可选择的各个选项的含义如下表所列。

图像区域	图像尺寸	尺寸（像素）	打印尺寸（cm）
FX 格式（36×24）	大	6016×4016	50.9×34.0
	中	4512×3008	38.2×25.5
	小	3008×2008	25.5×17.0
1.2×格式（30×20）	大	5008×3336	42.4×28.2
	中	3752×2504	31.8×21.2
	小	2504×1664	21.2×14.1
DX 格式（24×16）	大	3936×2624	33.3×22.2
	中	2944×1968	24.9×16.7
	小	1968×1312	16.7×11.1

操作步骤：选择**照片拍摄**菜单中的**图像尺寸**选项，按▲或▼方向键可选择照片的尺寸（当选择 RAW 品质时，此选项不可用）

使用经验：如果照片是用于印刷、洗印等，推荐使用大尺寸记录。如果只是用于网络发布、简单的记录或在存储卡空间不足时，则可以根据情况选择较小的尺寸。

在存储卡空间不足时，宁可选择较小的图像尺寸，也不建议降低图像的质量。而实际上，即使选择小尺寸，也可以满足我们进行5~7寸照片洗印的精度要求。

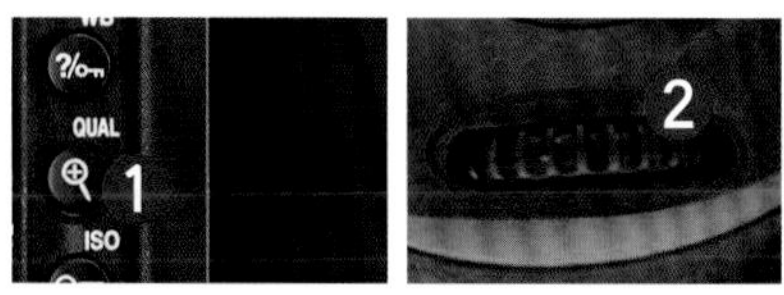

操作步骤：按下 QUAL 按钮并同时转动副指令拨盘，即可选择不同的图像尺寸

焦　　距 ▷ 60mm
光　　圈 ▷ F3.2
快门速度 ▷ 1/400s
感 光 度 ▷ ISO200

◀ 在原图中花丛所占的面积较大，体积很小的蝴蝶在画面中不够突出，通过裁减后画面变得简洁很多，蝴蝶也更加突出

JPEG压缩

功能要点：该菜单用于选择是将JPEG图像压缩到固定的尺寸，还是改变文件尺寸以提高图像品质。

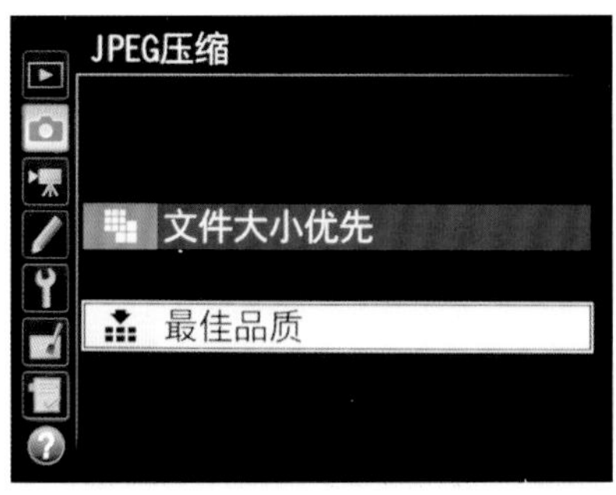

操作步骤：选择**照片拍摄**菜单中的JPEG**压缩**选项，按▲或▼方向键可选择**文件大小优先**或**最佳品质**选项

选项释义

- 文件大小优先：压缩图像以产生相对一致的文件尺寸。图像品质根据记录场景的不同而变化。
- 最佳品质：最佳图像品质。文件尺寸根据记录场景的不同而变化。

设置第二插槽的功能

功能要点：Nikon D750具有两个存储卡插槽，如果希望以较高的品质来保存照片，而又担心存储卡容量快速用尽，则可以通过设置"插槽2中存储卡功能"来指定主卡无剩余空间时，相机自动启用第二插槽中的存储卡继续保存照片。

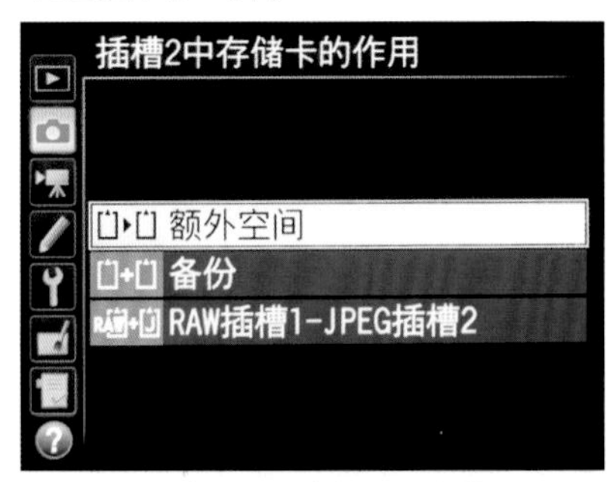

操作步骤：选择**拍摄**菜单中的**第二插槽的功能**选项，按▲或▼方向键可选择所需选项

选项释义

- 额外空间：选择此选项，则仅当插槽1的存储卡已满时才使用插槽2中的存储卡。
- 备份：选择此选项，则每张图片都将记录至插槽1和插槽2中的存储卡中。
- RAW插槽1-JPEG插槽2：选择此选项，则除了在NEF/RAW+JPG设定下所拍照片的NEF/RAW仅记录至插槽1的存储卡，而JPEG记录至插槽2中的存储卡以外，其他与选择"备份"选项时相同。

使用经验：如果选择的是除"额外空间"外的其他选项，拍摄时相机以容量较小的存储卡的容量为基准，当此存储卡空间被用尽后，即使另一块容量较大的存储卡仍有剩余空间，亦无法再保存照片。如果拍摄的题材需要使用高速连拍，切记应该在主插槽中插入高速存储卡，以缩短相机将照片从缓冲区写入存储卡的时间。

▼ 如果对画质没有特别高的要求，而存储卡空间又不是很大的话，可以选择"文件大小优先"选项，这样在往计算机上传输照片时也会快一些

焦　距▷40mm
光　圈▷F16
快门速度▷1/320s
感光度▷ISO100

NEF（RAW）记录

功能要点：该菜单用于选择NEF(RAW)图像的压缩类型和字节长度，包含“类型”和“NEF（RAW）位深度”两个选项。其中“类型”选项包含“无损压缩”、“压缩”2个选项。

类型的选项释义

- 无损压缩：选择此选项，则使用可逆算法压缩NEF图像，可在不影响图像品质的情况下将文件压缩20%~40%。
- 压缩：选择此选项，则使用不可逆算法压缩NEF图像，可在几乎不影响图像品质的情况下将文件压缩35%~55%。

NEF（RAW）位深度的选项释义

- 12-bit 12位：选择此选项，则以12位字节长度记录NEF (RAW) 图像。
- 14-bit 14位：选择此选项，则以14位字节长度记录NEF (RAW) 图像，这将产生更大容量文件且记录的色彩数据也将增加。

使用经验：如果希望通过包围曝光的方式拍摄出三张照片，并利用后期软件将这三张照片合成出具有高动态范围的HDR效果图像，则在选择照片格式时，应优先选择NEF格式，并在“NEF（RAW）位深度”菜单中选择“14位”选项，以确保照片有更丰富的色彩与细节。

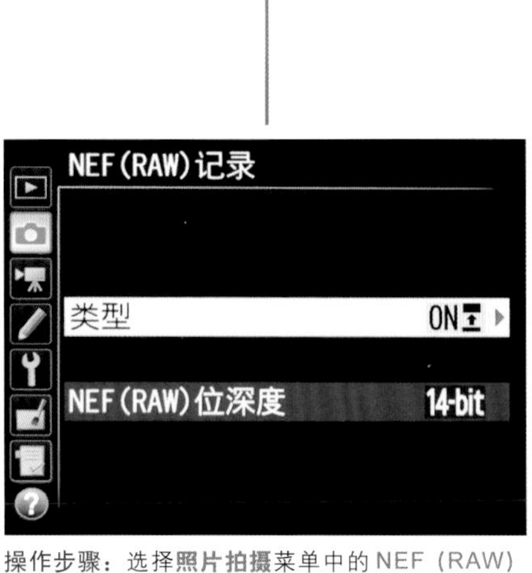

操作步骤：选择**照片拍摄**菜单中的NEF（RAW）**记录**选项，按▲或▼方向键选择**类型**选项或NEF（RAW）**位深度**选项

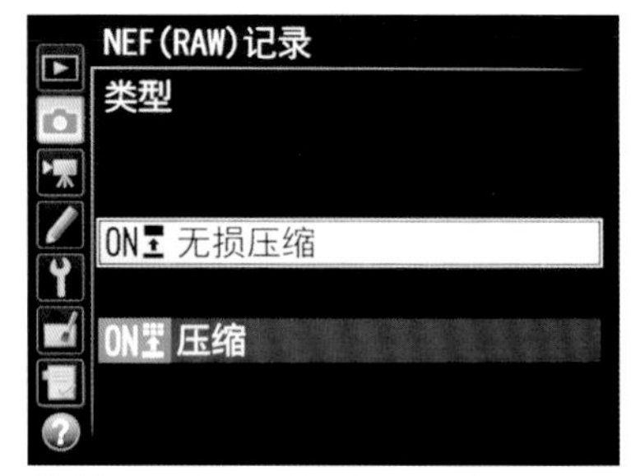

若选择**类型**选项，按▲或▼方向键可选择以NEF格式拍摄时的压缩选项

若选择NEF（RAW）**位深度**选项，按▲或▼方向键可选择以NEF格式拍摄时的字节长度

▶ 如果希望后期对照片进行调整可选择NEF格式，并在“NEF（RAW）位深度”菜单中选择“14位”选项，这样后期调整的空间会较大

影像区域

功能要点：利用影像区域功能，可以指定D750在拍摄后得到的照片的画幅尺寸。使用此功能的优点是当使用非全画幅镜头时，可以自动对照片进行裁切，此外还可以在一定程度上提高连拍速度。

选择影像区域的选项释义

- FX（36×24）1.0×：使用影像传感器的全区域以FX格式（35.9×24.0）记录图像，产生相当于35mm格式相机的镜头视角。
- 1.2×（30×20）1.2×：使用位于影像传感器中央的29.9×19.9mm区域记录照片，若要计算35mm格式下的近似镜头焦距，将镜头焦距乘以1.2即可。
- DX（24×16）1.5×：使用位于影像传感器中央的23.5×15.7mm区域以DX格式记录照片。若要计算35mm格式下的镜头焦距，将镜头焦距乘以1.5即可。

自动DX裁切的选项释义

- 开启：选择此选项，当在Nikon D750上安装了DX画幅的镜头时，将自动对影像区域进行裁剪，并在取景器中以红框标示出来。
- 关闭：选择此选项，当在Nikon D750上安装了DX画幅的镜头时，则不会自动对影像区域进行裁剪。

使用经验：由于Nikon D750拥有2432万的有效高像素，因此在DX格式下，也可以获得约1000万的有效像素，这已经可以满足绝大部分日常拍摄及部分商业摄影的需求。

另外，当选择“DX（24×16）1.5×”选项时，镜头的焦距能够延长至原来的1.5倍。

操作步骤：选择**照片拍摄**菜单中的**图像区域**选项，按▲或▼方向键可选择**选择影像区域**或**自动DX裁切**选项

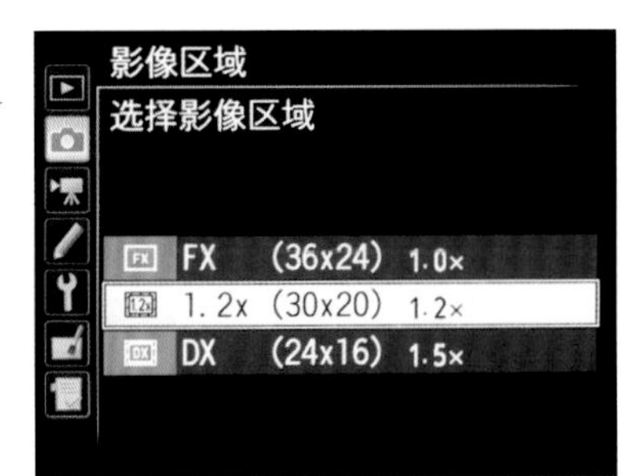

若选择**选择影像区域**选项，按▲或▼方向键可手动选择不同的图像区域

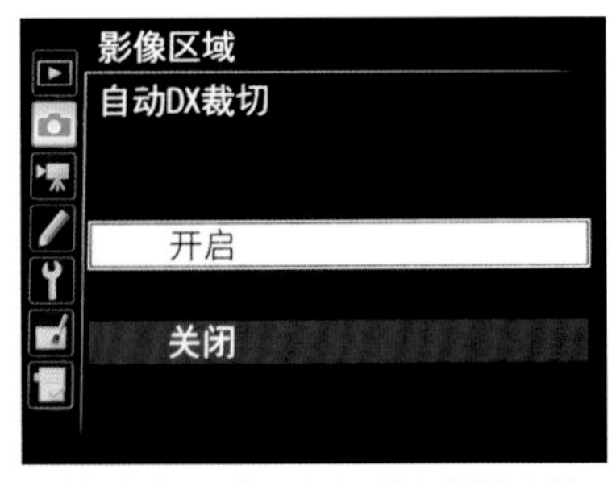

若选择**自动DX裁切**选项，按▲或▼方向键可选择是否开启自动DX裁切功能

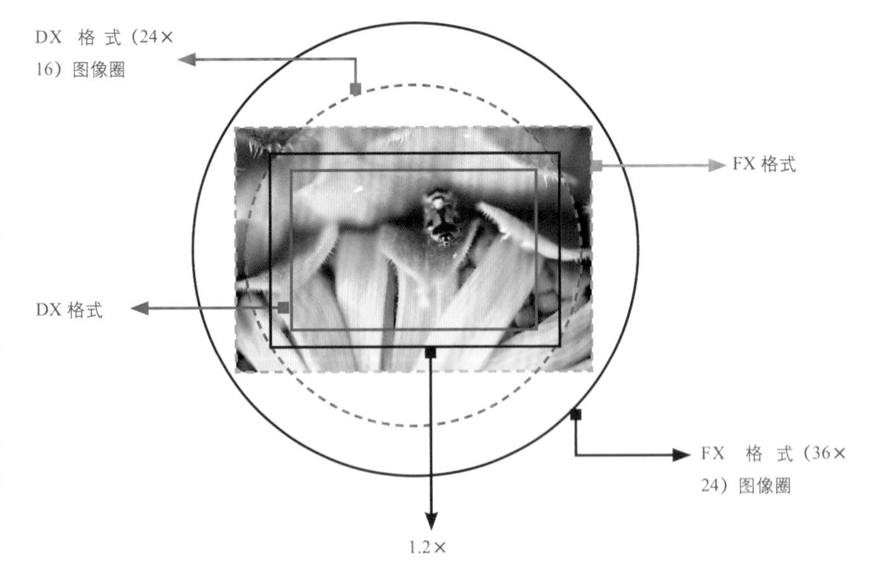

暗角控制

功能要点：由于镜头的成像原理，在使用镜头广角端拍摄时，有可能在所拍摄照片的四角出现暗角。而此菜单则可用于控制是否对当前镜头进行暗角校正。

功能简介：Nikon D750 提供了“暗角控制”功能来校正暗角，包含“高”、“标准”、“低”和“关闭”4个选项，可以视拍摄产生的暗角程度来选择不同的选项。

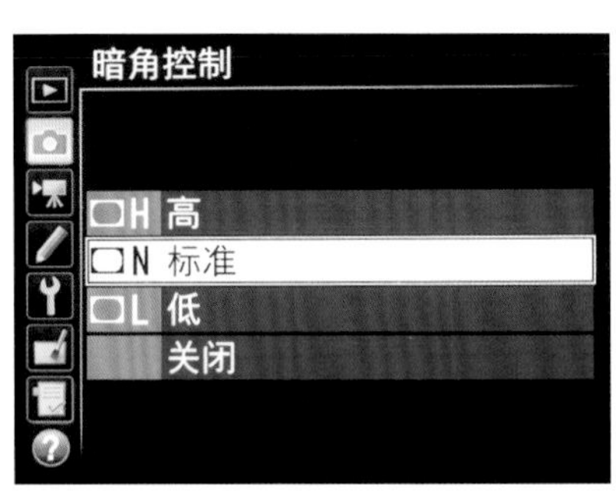

操作步骤：在**照片拍摄**菜单中选择**暗角控制**选项，按▲或▼方向键选择暗角校正的强度

使用经验：暗角是任何镜头都不可避免的情况，只有轻重程度的区别。在实际拍摄过程中，除了使用相机自身的功能进行校正外，还可以通过适当收缩光圈来减轻暗角。

自动失真控制

功能要点：该菜单用于减轻使用广角镜头拍摄时出现的桶形失真和使用长焦镜头拍摄时出现的枕形失真。

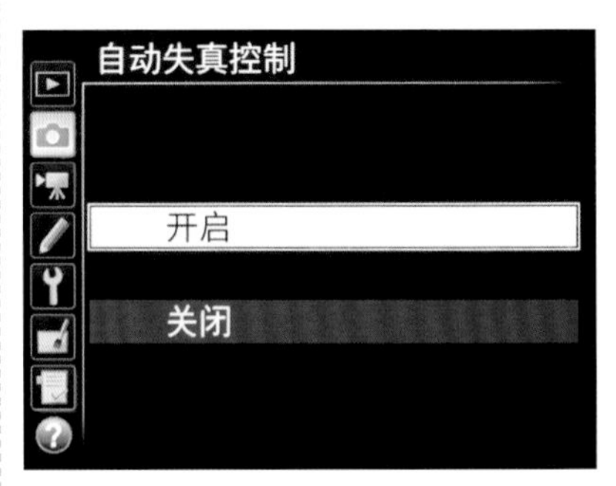

操作步骤：在**照片拍摄**菜单中选择**自动失真控制**选项，按▲或▼方向键选择**开启**或**关闭**选项

使用经验：要注意的是，开启此功能后，取景器中可视区域的边缘在最终照片中可能会被裁切掉，并且处理照片所需时间可能会增加。

▼ 使用广角镜头拍摄时，为避免四周出现黑色暗边可开启暗角控制功能

动态D-Lighting

功能要点：在直射的明亮阳光下拍摄时，拍出的照片中容易出现较暗的阴影与较亮的高光区域，启用“动态D-Lighting”功能，可以确保所拍摄照片中的高光和阴影区域的细节不会丢失，因为此功能会使照片的曝光稍欠一些，以防止照片的高光区域完全变白而显示不出任何细节，同时还能够避免因为曝光不足而使阴影区域中的细节丢失。

使用经验：该功能与矩阵测光一起使用时，效果最为明显。若选择了“自动”选项，相机将根据拍摄环境自动调整动态D-Lighting。

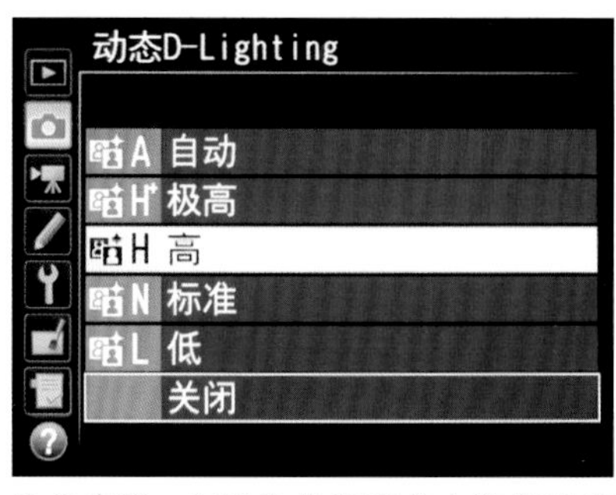

操作步骤：在照片拍摄菜单中选择动态D-Lighting选项，按▲或▼方向键可选择不同的校正强度

▲ 上图是使用动态D-Lighting前的状态，高光部分有些发白，暗部曝光略显不足；下图是将“动态D-Lighting”设置为“高”后的效果，可以看出，此时的明暗效果更好

白平衡

功能要点：此菜单用于选择白平衡模式以及其中的相关参数。简单来说，白平衡的作用就是还原物体的真实色彩。由于在不同的光源下，色温有所不同，从而导致相机拍摄该光源下的物体时，所得到的照片也会随之产生一定的偏色，此时就可以使用白平衡进行校正偏色问题。

功能简介：Nikon D750相机共提供了3类白平衡功能，即预设白平衡、手调色温及自定义白平衡。

可以通过两种操作方法来选择预设白平衡，第一种是通过菜单来选择，第二种是通过机身按钮来操作，如下图所示。

操作步骤：选择**照片拍摄**菜单中的**白平衡**选项，按▲或▼方向键可选择不同的预设白平衡

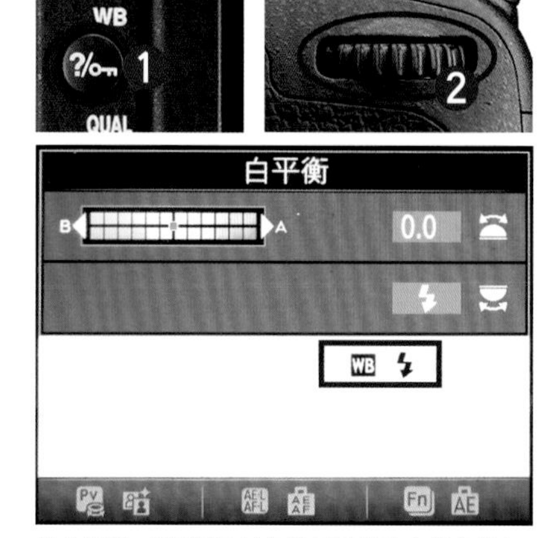

操作步骤：按下WB按钮并同时转动主指令拨盘，即可选择不同的白平衡模式

预设白平衡

功能要点：除了自动白平衡外，Nikon D750相机还提供了白炽灯、荧光灯、晴天、闪光灯、阴天及背阴6种预设白平衡。虽然在通常情况下，使用自动白平衡模式就可以获得不错的色彩效果。但在特殊光线条件下，使用自动白平衡模式有时可能无法得到准确的色彩还原，此时应根据不同的光线条件来选择不同的预设白平衡。

▲ 白炽灯白平衡模式，适合拍摄与其对等的色温条件下的场景，而拍摄其他场景会使画面色调偏蓝，严重影响色彩还原

▲ 荧光灯白平衡模式，会营造出偏蓝的冷色调，不同的是，荧光灯白平衡的色温比白炽灯白平衡的色温更接近现有光源色温，所以色彩相对接近原色彩

▲ 拍摄风光时一般只要将白平衡设置为晴天白平衡，就能获得较好的色彩还原。因为光线无论怎么变化都来自太阳光。晴天白平衡比较强调色彩，使颜色比较浓且饱和

▲ 闪光灯白平衡主要用于平衡使用闪光灯时的色温，较为接近阴天时的色温

▲ 在相同的现有光源下，阴天的白平衡可以营造出一种较浓郁的红色的暖色调，给人一种温暖的感觉

▲ 背阴白平衡可以营造出比阴天白平衡更浓郁的暖色调，常应用于拍摄日落的题材

手动选择色温

功能简介：为了应对复杂光线环境下的拍摄需要，Nikon D750相机为色温调整白平衡模式提供了2500~10000K的调整范围，并提供了一个色温调整的列表，用户可以根据实际色温和需要进行精确调整。

从色温调整增量可以看出，此功能可以进行更精确的色温控制，适合一些要求比较严格或希望使用更自由的色温时使用。

▲ 通过设置“色温”选项来调整画面的色彩倾向，可以看出画面色温的变化更多，选择最满意的色温也更灵活

可以通过两种操作方法来设置色温，第一种是通过菜单来设置，第二种是通过机身按钮来操作，如下图所示。

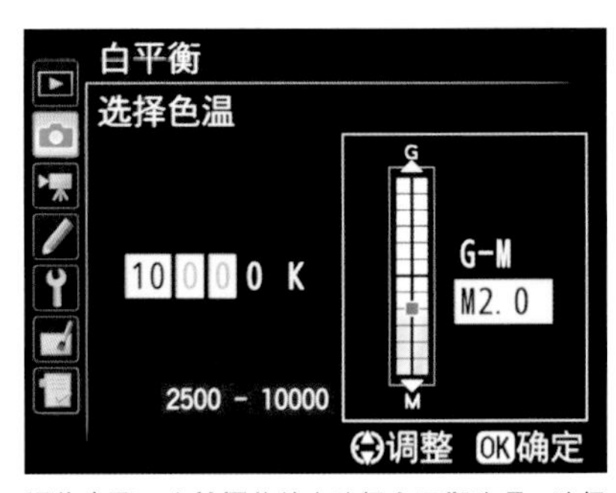

操作步骤：在**拍摄**菜单中选择**白平衡**选项，选择**选择色温**选项，按◀或▶方向键可选择十位、百位或千位的色温数值；按▲或▼方向键可调节具体的色温数值

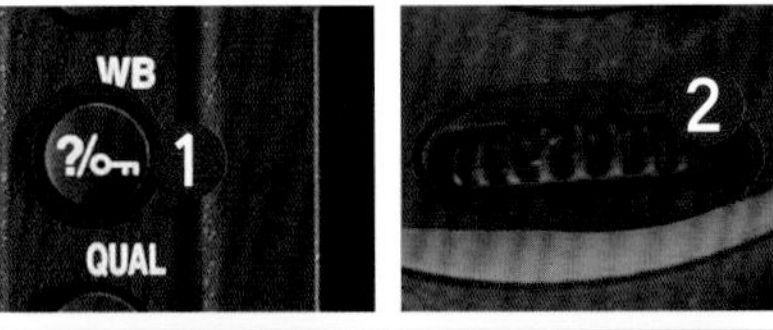

操作步骤：按下WB按钮并同时旋转主指令拨盘选择K（选择色温）白平衡模式，再旋转副指令拨盘即可调整色温值

使用经验：实际上，即使不知道拍摄时光源的色温，也可以使用此功能设定色温，有时能够取得意想不到的画面效果。

知识链接：白平衡与色温之间的关系

白平衡与色温之间是互为表里的关系，摄影师在相机上所设置的各类白平衡，实际上为相机指定了一个色温值（如下表所示）。而不同的光线之所以照射在同样的对象上，会使该物体的色彩看上去发生了变化，也同样是因为光线的色温不同（如下表所示）。

选　项		色　温	不同色温下光线色彩	说　明	不同色温下拍摄的照片色调
AUTO自动	标准	3500～8000K	—	相机自动调整白平衡。为了获得最佳效果，请使用G型或D型镜头。若使用内置或另购的闪光灯，相机将根据闪光灯闪光的强弱调整画面	—
	保留暖色调颜色				
白炽灯		3000K		在白炽灯照明环境下使用	
荧光灯	钠汽灯	2700K		在钠汽灯照明环境（如运动场所）下使用	
	暖白色荧光灯	3000K		在暖白色荧光灯照明环境下使用	
	白色荧光灯	3700K		在白色荧光灯照明环境下使用	
	冷白色荧光灯	4200K		在冷白色荧光灯照明环境下使用	
	昼白色荧光灯	5000K		在昼白色荧光灯照明环境下使用	
	白昼荧光灯	6500K		在白昼荧光灯照明环境下使用	
	高色温汞汽灯	7200K		在高色温光源（如水银灯）照明环境下使用	
晴天		5200K		在拍摄对象处于直射阳光下时使用	
闪光灯		5400K		在使用内置或另购的闪光灯时使用	
阴天		6000K		在白天多云时使用	
背阴		8000K		在拍摄对象处于白天阴影中时使用	

▲ 根据不同的光线选择不同的白平衡模式，为照片增色添彩

自定义白平衡

功能简介：此功能可用于手动定义白平衡，即通过预拍白色对象并正确还原其色彩的方式，达到准确还原拍摄现场色彩的目的。下面是具体操作方法。

❶ 按下WB按钮，然后转动主指令拨盘选择自定义白平衡模式PRE。旋转副指令拨盘直至控制面板中显示所需白平衡预设，如此处选择的是d-4。

❷ 按住机身上的WB按钮1.5s左右，相机控制面板中的PRE图标将开始闪烁，此时即表示可以进行自定义白平衡操作了。

❸ 在机身上将对焦模式开关切换至M（手动对焦）方式。

❹ 找到一个白色物体，然后按下快门拍摄一张照片，且要保证白色物体应充满中央的点测光圆（即中央对焦点所在位置的周围）。

❺ 拍摄完成后，取景器中将显示闪烁的“Gd”，控制面板中将显示“Good”字样，表示自定义白平衡已经完成，且已经被应用于相机。

使用经验：当曝光不足或曝光过度时，使用自定义白平衡可能会无法获得正确的色彩还原。此时控制面板与取景器将显示“NO Gd”字样，半按快门按钮可返回步骤④并再次测量白平衡。

在实际拍摄时可以使用18%灰度卡（市面有售）取代白色物体，这样可以更精确地设置白平衡。

许多摄影爱好者在使用此功能时感觉麻烦，殊不知养成自定义白平衡习惯，会极大提高照片的品质，使画面的颜色更真实、自然。另外，如果在拍摄用于自定义白平衡模式的照片时，有意识地使用有颜色的纸，能够获得意想不到的画面色彩。

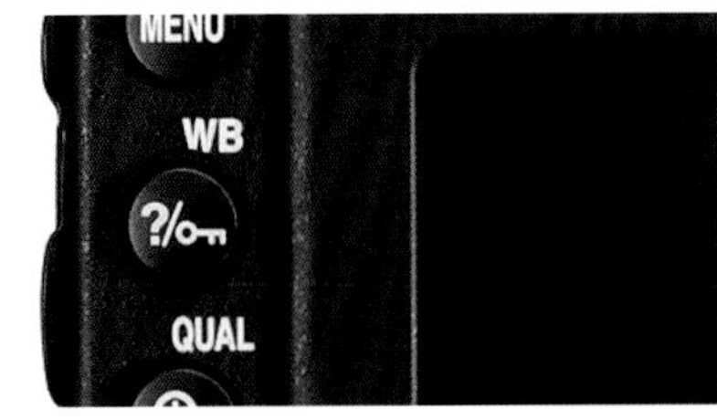

▲ 按住WB按钮

▲ 切换至手动对焦模式

▲ 切换至自定义白平衡模式

▼ 在拍摄商业类照片时，由于对颜色要求较高，不能有色差现象，可通过自定义白平衡的方式获得准确的色彩，以保证拍摄出来的照片不偏色

设定优化校准

功能简介：简单来说，优化校准就是相机依据不同拍摄题材的特点而进行的一些色彩、锐度及对比度等方面的调整，以更好地表现该题材的一种设置。

设定预设优化校准

功能简介：“设定优化校准”菜单用于选择适合拍摄对象或拍摄场景的照片优化校准，包含“标准”、“自然”、“鲜艳”、“单色”、“人像”、“风景”和“平面”7个选项。各选项的作用如下。

选项释义

- 标准：最推荐使用的选项，拍出的照片画面清晰，色彩鲜艳、明快。
- 自然：进行最小程度的处理以获得自然效果，在要进行后期处理或润饰照片时选用。
- 鲜艳：进行增强处理以获得鲜艳的图像效果，在强调照片主要色彩时选用。
- 单色：使用该选项可拍摄黑白或单色的照片。
- 人像：使用该选项拍摄人像时，人的皮肤会显得更加柔和、细腻。
- 风景：此选项适合拍摄风光，对画面中的蓝色和绿色有非常好的表现效果。
- 平面：此选项可保留广范围色调（从亮部到暗部）中的细节，适用于将来需要广泛处理或润饰照片。

操作步骤：选择**照片拍摄菜单**中的**设定优化校准**选项，按▲或▼方向键选择预设的优化校准选项，然后按下 OK 按钮即可

使用经验：不同的优化校准适用于不同的拍摄题材。例如人像模式最适合拍摄人像，可以让照片中的人物皮肤更加柔和、细腻；风景模式适合拍摄风光，对画面中的蓝色和绿色有非常好的表现效果。有许多习惯于使用NEF文件格式保存照片的摄影师，在拍摄时比较抵触优化校准选项，认为在后期软件中一样能够进行此类设置。但实际上拍摄时使用某一优化校准得到的效果，与后期处理时使用优化校准得到的效果并不完全相同。因此，建议在拍摄时直接使用正确的优化校准。

▲ 使用“风景”优化校准，能够更轻松地拍出色彩鲜艳、画面清晰的风光大片

焦　　距▷124mm
光　　圈▷F11
快门速度▷1/1250s
感 光 度▷ISO100

▲ 拍摄人像时，可使用“人像”模式，以更好地表现女孩细腻的皮肤

焦　　距▷135mm
光　　圈▷F7.1
快门速度▷1/250s
感 光 度▷ISO320

修改预设的优化校准参数

功能简介：此菜单用于对上面讲解的预设优化校准的参数进行修改，以便拍摄出更加个性化的照片。其中，可以对锐化、对比度、亮度、饱和度和色相5个参数进行修改。

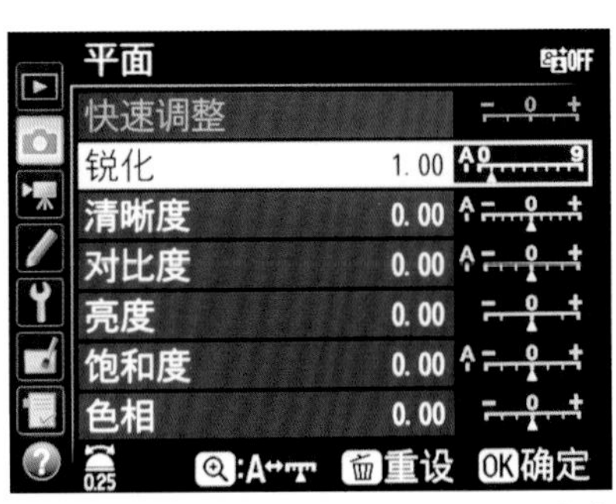

操作步骤：选择**照片拍摄**菜单中的**设定优化校准**选项，按▲或▼方向键选择一个要编辑的预设照片风格，按▲或▼方向键可选择要编辑的优化校准**参数**

选项释义

- 快速调整：按◀或▶方向键可以批量调整下面的5个参数。
- 锐化：控制图像的锐度。按◀方向键向0端靠近则降低锐度，图像变得越来越模糊；按▶方向键向9端靠近则提高锐度，图像变得越来越清晰。

▲ 设置**锐化**前（+0）后（+2）的效果对比

- 清晰度：控制图像的清晰度。选择A选项，则根据场景类型自动调整清晰度；按下◀方向键向－端靠近则降低清晰度，图像变得越来越柔和；按下▶方向键向＋端靠近则提高清晰度，图像变得越来越清晰，其调整范围为-5~+5。
- 对比度：控制图像的反差及色彩的鲜艳程度。选择A选项，则根据场景类型自动调整对比度；按下◀方向键向－端靠近则降低反差，图像变得越来越柔和；按下▶方向键向＋端靠近则提高反差，图像变得越来越明快，其调整范围为-3~+3。

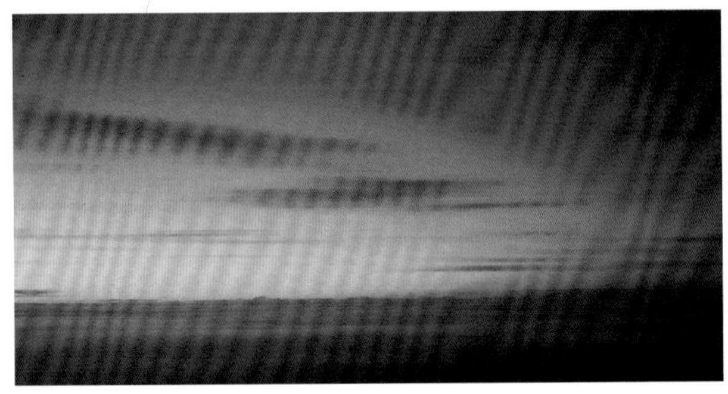

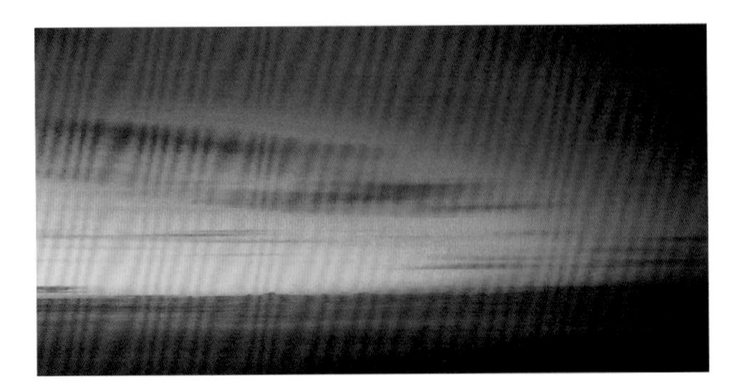

▲ 设置**对比度**前（+0）后（-3）的效果对比

● 亮度：此参数可以在不影响照片曝光的前提下改变画面的亮度。按下◀方向键向 - 端靠近则降低亮度，画面变得越来越暗；按下▶方向键向 + 端靠近则提高亮度，画面变得越来越亮。

● 饱和度：控制色彩的鲜艳程度。选择 A 选项，则根据场景类型自动调整饱和度；按下◀方向键向 − 端靠近则降低饱和度，色彩变得越来越淡；按下▶方向键向 + 端靠近则提高饱和度，色彩变得越来越艳。

▲ 设置**饱和度**前（+0）后（+3）的效果对比

● 色相：控制画面色调的偏向。按下◀方向键向 − 端靠近则红色偏紫、蓝色偏绿、绿色偏黄；按下▶方向键向 + 端靠近则红色偏橙、绿色偏蓝、蓝色偏紫。

▲ 向右调整3格前后的效果对比，可见其中绿色的变化最明显

使用经验：在拍摄不同的题材时，应根据个人的喜好对优化校准进行修改，例如在拍摄风光时，可以加大反差与锐度，从而使画面更立体、画面细节更锐利。拍摄女性人像时，照片风格中的“锐化”参数设置不宜过高，否则画面中人像的皮肤会显得比较粗糙。“对比度”数值也应该设置得稍低一点，这样人像的皮肤会有被柔化的感觉。

利用单色优先校准直接拍出单色照片

功能要点：在“单色”选项下，其可调整的参数会与其他优化校准略有不同。还可以选择不同的滤镜效果及调色效果，从而拍摄出更有特色的黑白或单色照片效果。

功能简介：在“滤镜效果”选项下，可选择无、Y（黄）、O（橙）、R（红）或G（绿）等色彩，从而在拍摄过程中，针对这些色彩进行过滤，得到更亮的灰色甚至白色。由于此优化校准中不存在色彩，因此其参数中去掉了饱和度和色调2个选项，并增加了“滤镜效果”与“调色”2个选项。

操作步骤：选择**照片拍摄**菜单中的**设定优化校准**选项，按▲或▼方向键选择**单色**选项，按▲或▼方向键选择所需选项，按◀或▶方向键调节**参数**数值

管理优化校准

功能简介：此菜单用于修改并保存相机提供的优化校准，也可以为新的优化校准命名，包含“保存/编辑”、“重新命名”、“删除”、“载入/保存”4个选项。

保存 / 编辑优化校准

功能简介：当需要经常使用一些自定义的优化校准时，可以将其参数编辑好，然后保存成为一个新的优化校准文件，以便于以后调用。

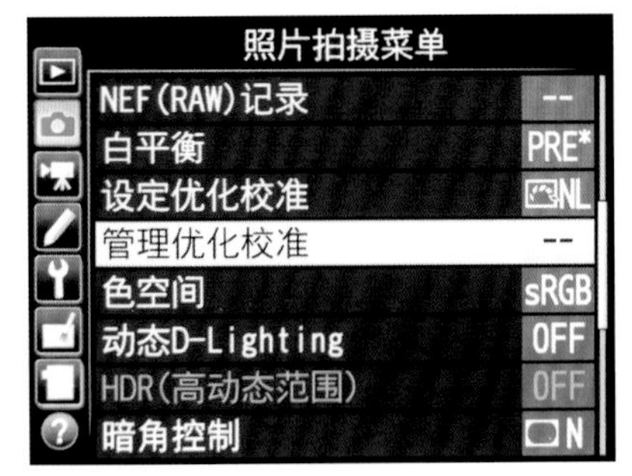

❶选择照片拍摄菜单中的管理优化校准选项

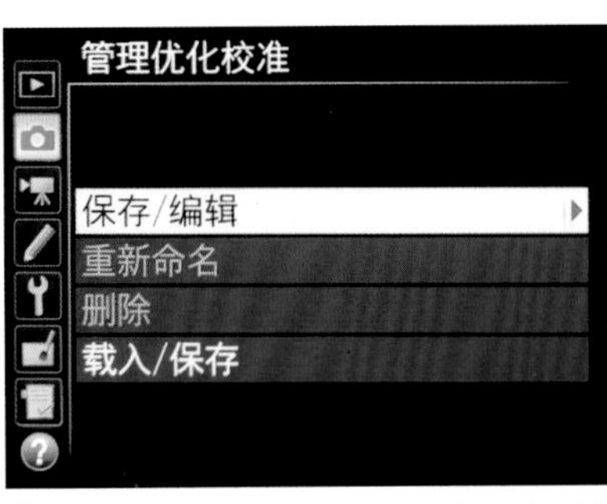

❷在子菜单中选择保存 / 编辑选项，按下▶方向键

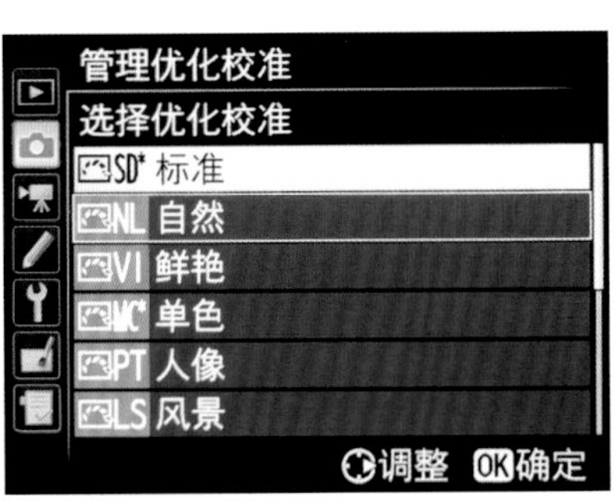

❸选择一个已有的优化校准作为保存 / 编辑的基础，按下▶方向键

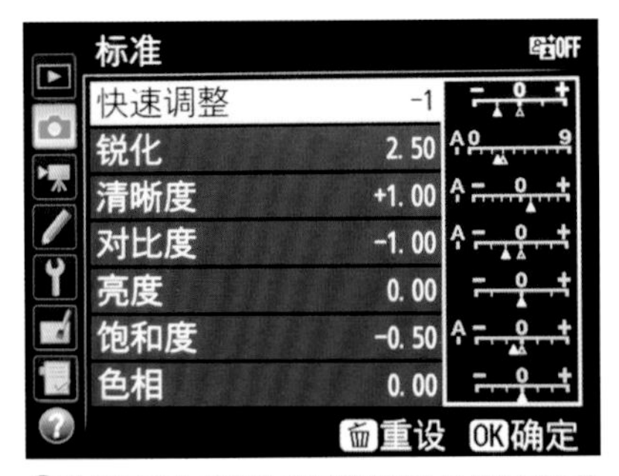

❹选择不同的参数并根据需要修改后按下 OK 按钮确定

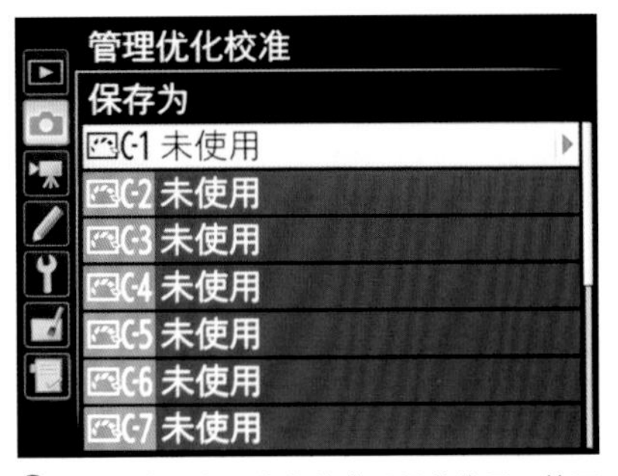

❺选择一个保存新优化校准预设的位置，按下 OK 按钮

❻输入新预设的名称，然后按下 OK 按钮完成输入操作，输入完成后按下🔍按钮完成保存操作

删除优化校准

功能简介：对于那些已经确认不会再使用的自定义优化校准选项，可以将其删除。删除后的优化校准预设无法再恢复回来，因此在删除前一定要确认。

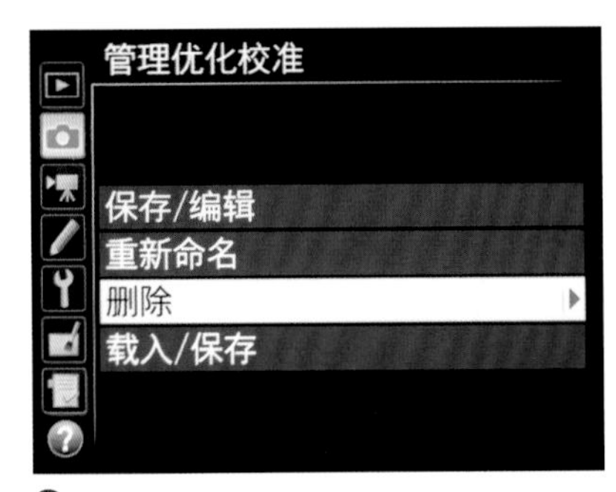

❶选择删除选项

❷选择要删除的自定义优化校准选项

❸选择是选项并按下 OK 按钮即可

HDR（高动态范围）

功能简介：HDR（高动态范围）是Nikon D750中新增的功能，其原理是通过分别连续拍摄正常曝光、增加曝光量以及减少曝光量的3张照片，然后由相机进行合成，从而获得暗调、中间调与高光区域都能均匀显示出细节的高动态范围照片。

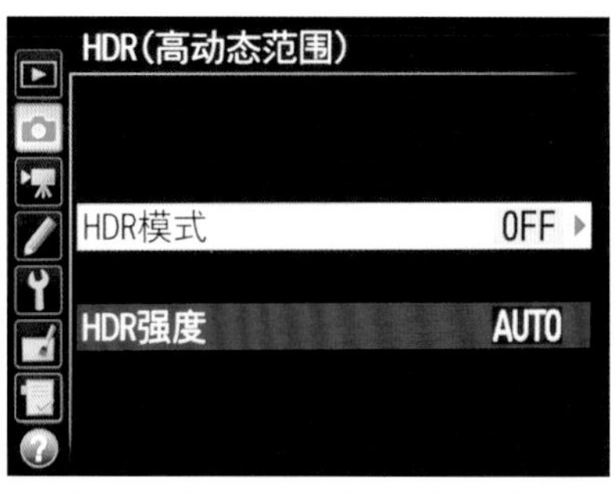

操作步骤：在**照片拍摄**菜单中选择HDR（**高动态范围**）选项，按▲或▼方向键选择HDR**模式**或HDR**强度**选项

选项释义

- HDR 模式：用于设置是否开启及是否连续多次拍摄 HDR 照片。选择“开启（一系列）”选项，将一直保持 HDR 模式的打开状态，直至摄影师手动将其关闭为止；选择“开启（单张照片）”选项，将在拍摄完成一张 HDR 照片后，自动关闭此功能；选择“关闭”选项，禁用 HDR 模式。
- HDR 强度：用于控制两张照片之间的曝光差异，选择“高”选项，可以获得更自然的过渡效果；选择“低”选项，可以获得较强的局部明暗对比效果。

知识链接：了解数码照片的宽容度

数码相机与胶片相机的最大区别之一就是宽容度不同，即两类相机能够记录的亮度动态范围不同。数码相机能够记录的从最亮区域到最暗区域的范围小于胶片相机，超出这个范围的画面均会表现为没有细节的黑色或白色。而如果希望在数码照片中表现更广的动态范围，比较好的方法就是利用相机的HDR功能进行拍摄，将亮部、暗部曝光均正确的影像合成在一张照片中。

使用经验：除了使用相机的HDR拍摄功能得到高动态范围照片外，还可以利用包围曝光功能分别拍摄高光、中间调、暗调部分曝光都正确的照片，再利用Photoshop等后期合成软件，将这些照片合成在一起。关于这种技法的详细讲解，请参阅本书第4章。

◀ 要注意的是，此功能不适合用来拍摄有运动对象的场景，因为连拍合成将会导致运动对象的成像重叠

多重曝光

多重曝光菜单功能

功能要点：顾名思义，多重曝光就是指在一张照片中进行多次曝光，从而使多次拍摄的影像合成为一张照片。Nikon D750的多重曝光功能支持2~3张照片的融合。使用此功能分别拍摄2~3张照片后，相机会自动将其融合在一起，以得到一张蒙太奇效果照片。

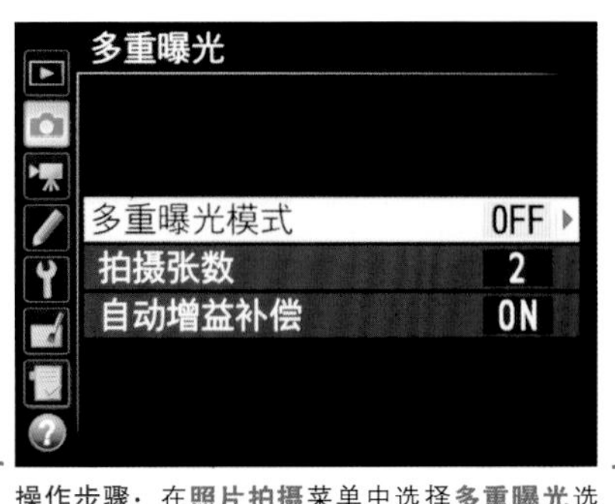

操作步骤：在**照片拍摄**菜单中选择**多重曝光**选项，选择所需选项并按下OK按钮对其进行设置

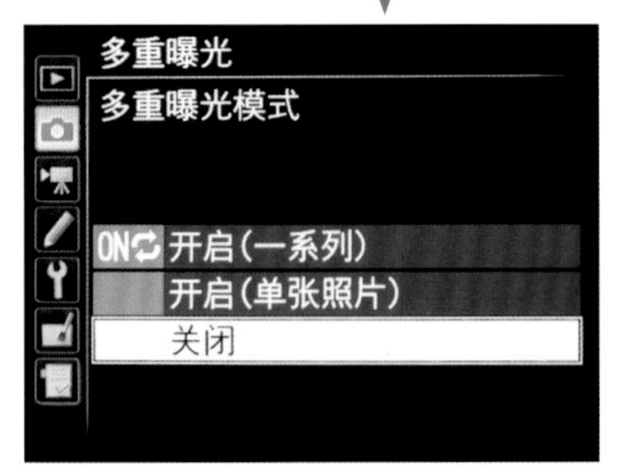

若选择**多重曝光模式**选项，按▲或▼方向键可选择是否开启此功能，以及是否连续拍摄多组多重曝光照片

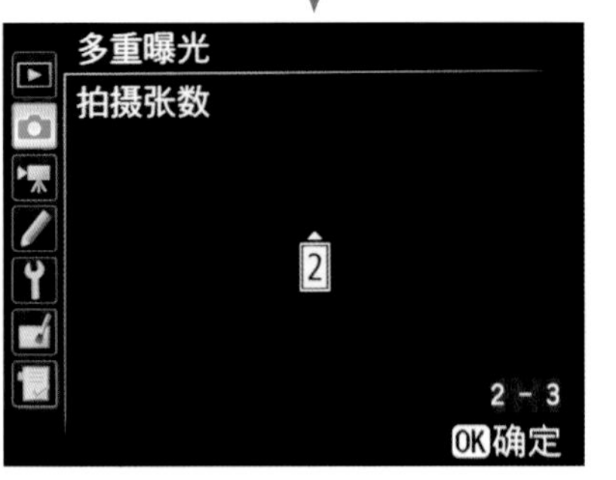

若选择**拍摄张数**选项，按▲或▼方向键可设置拍摄张数

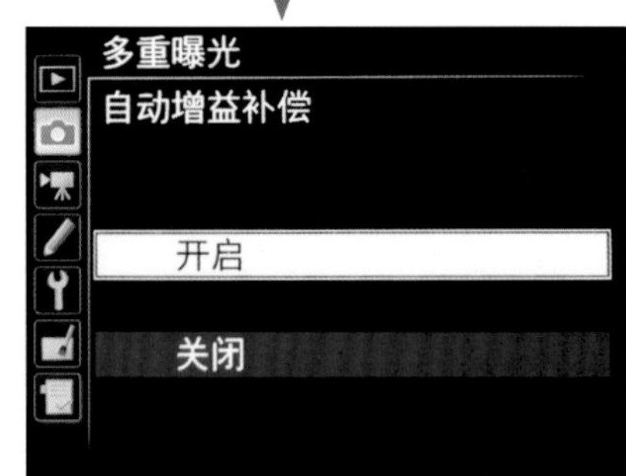

若选择**自动增益补偿**选项，按▲或▼方向键可选择**开启**或**关闭**选项

选项释义

- 多重曝光模式：选择“关闭”选项将关闭此功能；选择“开启（一系列）”选项，则连续拍摄多组多重曝光照片；选择“开启（单张照片）”选项，则拍摄完一组多重曝光图像后会自动关闭“多重曝光”功能。
- 拍摄张数：按▲或▼方向键可设置多重曝光的拍摄张数，即要得到最终的合成效果所需的照片张数，其数值范围为2~3。
- 自动增益补偿：设置界面中选择“开启”选项，可以根据实际记录的拍摄张数调整增益补偿；选择“关闭”选项，则在记录多重曝光时不会调整增益补偿。背景较暗时推荐使用该选项。

使用经验：使用多重曝光功能进行拍摄时，为了使最终画面显得丰富而不凌乱，在拍摄用于进行多重曝光合成的素材照片时，要尽量在画面中保留大面积暗调或亮调区域。拍摄素材照片之前，就应该对最终合成图像的效果有所构想，从而于实际拍摄时在构图方面能够预留元素重复空间。

在数码后期软件十分流行的今天，许多摄影爱好者认为此功能并没有存在的必要性。但实际上，与先拍摄照片然后在计算机上进行后期合成不同，由于使用此功能后，在完成拍摄时相机即可自动生成多重曝光效果照片，因此多了即拍即得的乐趣。

利用多重曝光拍摄梦幻人像的技巧

使用“多重曝光”功能可以拍摄出梦幻般的人像蒙太奇照片，下面是具体操作方法。

首先，开启多重曝光拍摄模式，并将“拍摄次数”设置为2。

第一次拍摄时，选择逆光角度，从而得到剪影效果的人像。

第二次拍摄时，选择较亮的场景，如树林、花朵、花丛、树叶、天空等，但拍摄的场景不能过亮或绝大部分为亮调。因为多重曝光的基本原理是保留多次拍摄的亮部细节，如果第二次拍摄的照片完全比第一次拍摄的照片亮，则在与第一次拍摄的照片相叠加时，将很难保留第一次拍摄的照片细节，从而也就失去了多重曝光的意义。

完成两次拍摄后，相机会自动合成两次拍摄的照片，得到最终的效果。

▼ 以点测光模式拍摄室内的人像

▲ 以广角镜头拍摄的夕阳，天空的纳入使画面看起来干净明亮

▲ 最终得到的梦幻人像

间隔拍摄

功能简介：延时摄影又称为“定时摄影”，即利用相机的间隔拍摄控制功能，每隔一定的时间拍摄一张照片，最终形成一个完整的照片序列，用这些照片生成的视频能够呈现出电视上经常看到的花朵开放、城市变迁、风起云涌的效果。

例如，花蕾的开放约需3天3夜共72h，但如果每半小时拍摄一个画面，顺序记录其开花的过程，即可拍摄144张照片，当用这些照片生成视频并以正常帧频率放映时（每秒24幅），在6s之内即可重现花朵3天3夜的开放过程，能够给人强烈的视觉震撼。延时摄影通常用于拍摄城市风光、自然风景、天文现象、生物演变等题材。

使用经验：使用 Nikon D750 进行延时摄影要注意以下几点。

（1）不要选择自拍 、遥控或MUP（反光板预升） 释放模式。

（2）开始间隔拍摄之前，应该先以当前设定试拍一张照片，并查看其效果是否是所需要的。

（3）使用M挡全手动模式，手动设置光圈、快门速度、感光度，以确保所有拍摄出来的系列照片有相同的曝光效果。

（4）不能使用自动白平衡，而需要通过手调色温的方式设置白平衡。

（5）一定要使用三脚架进行拍摄，否则在最终生成的视频短片中就会出现明显的跳动画面。

（6）将对焦方式切换为手动对焦。

（7）按短片的帧频与播放时长来计算需要拍摄的照片张数，例如，按25fps拍摄一个播放10s的视频短片，就需要拍摄250张照片，而在拍摄这些照片时，彼此之间的时间间隔则是可以自定义的，可以是1min，也可以是1h。

（8）为防止从取景器进入的光线干扰曝光，拍摄时要用衣服或其他东西遮挡住取景器。

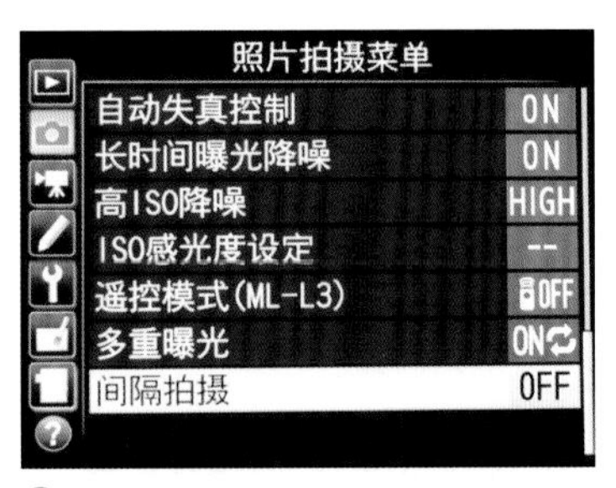

❶在**照片拍摄**菜单中选择**间隔拍摄**选项，有两种方式选择开始时间

❷选择**开始选项**并按下 OK 按钮对其进行设置

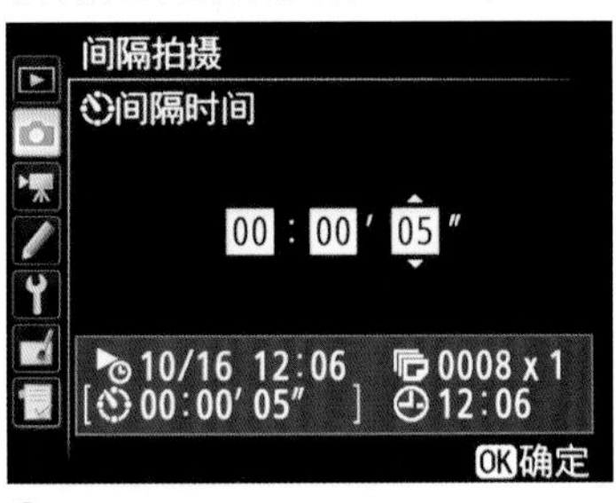

❸选择**间隔时间**选项，按▲或▼方向键可更改间隔时间，应选择比最低预期快门速度更长的间隔时间

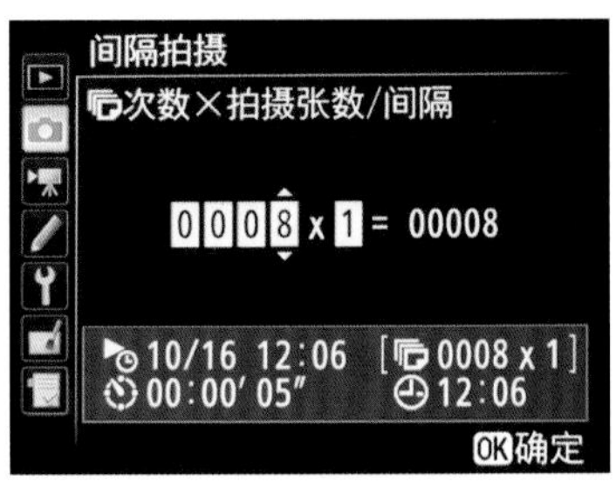

❹选择**选择次数 × 拍摄张数**选项，按▲或▼方向键进行更改

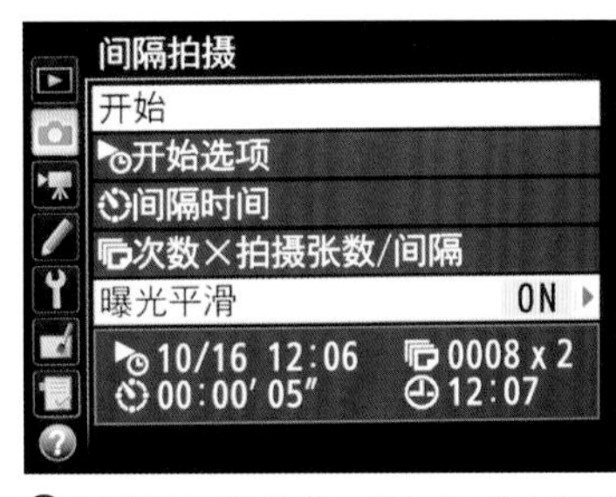

❺选择**曝光平滑**选项，按▲或▼方向键可选择**开启**或**关闭**选项

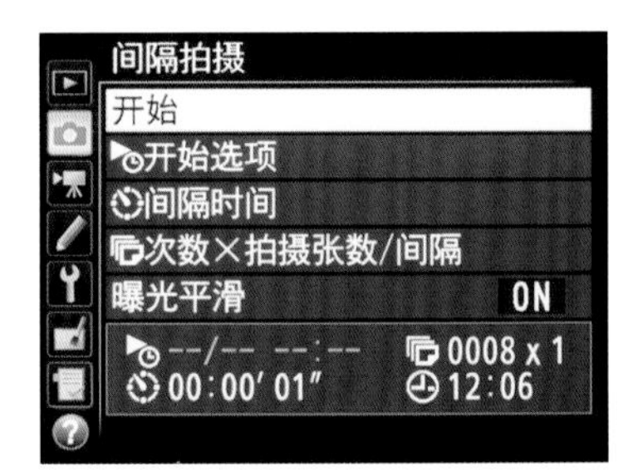

❻选择**开始**并按下 OK 按钮，拍摄将在指定开始时间进行，若**开始选项**设为**立即**，拍摄将在约 3 秒后开始

▲ 这是使用延时摄影方法拍摄的一组流云飞逝的画面

第3章

「自定义设定与设定菜单重要功能详解」

自定义设定菜单

c：计时/AE锁定

快门释放按钮 AE-L

功能要点：该菜单用于设置是否允许快门释放按钮锁定曝光。对于经常使用“测光—锁定曝光—构图—拍摄”这个拍摄流程的用户而言，启用“快门释放按钮 AE-L”功能，使用快门释放按钮来锁定曝光，在操作时更为方便一些。

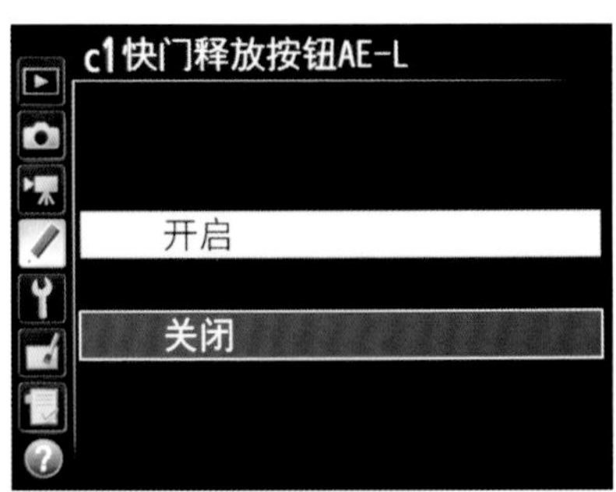

操作步骤：进入**自定义设定**菜单，选择 c **计时/AE 锁定**中的 c1 **快门释放按钮** AE-L 选项，按▲或▼方向键选择**开启**或**关闭**选项

选项释义

- 开启：选择此选项，则在半按快门释放按钮时也将锁定曝光。
- 关闭：选择此选项，则仅当按 AE-L/AF-L 按钮时会锁定曝光。

显示屏关闭延迟

功能要点：该菜单用于控制在播放、菜单查看、拍摄信息显示、图像查看以及即时取景过程中，未执行任何操作时，显示屏保持开启的时间长度。

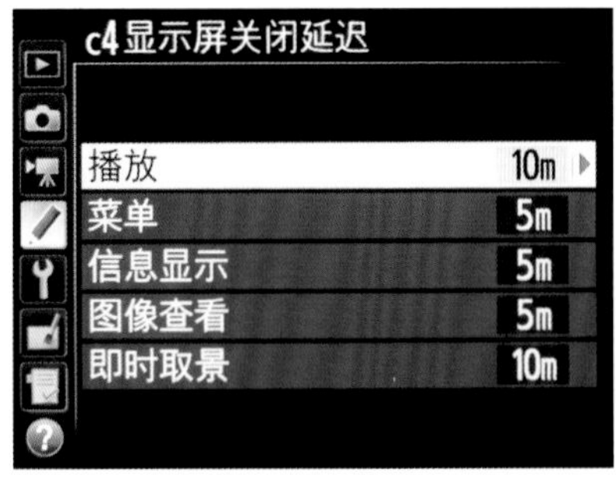

操作步骤：进入**自定义设定**菜单，选择 c **计时/AE 锁定**中的 c4 **显示屏关闭延迟**选项，按▲或▼方向键可选择**播放**、**菜单**、**信息显示**、**图像查看**或**即时取景**选项，在其中可以选择不同情况下关闭显示屏的延迟时间

选项释义

- 播放：用于设置播放照片时显示屏的关闭延迟时间。
- 菜单：用于设置进行菜单设置时显示屏的关闭延迟时间。
- 信息显示：用于设置按下 info 按钮后打开显示屏查看拍摄信息时的关闭延迟时间。
- 图像查看：用于设置拍摄照片后，立即查看照片效果时显示屏的关闭延迟时间。
- 即时取景：用于设置在即时取景状态下，显示屏的关闭延迟时间。

使用经验：在拍摄照片时，面对美景如果手中的相机电量却消耗殆尽，这无疑是一大憾事。可在“显示屏关闭延迟”中将各个选项设置成为较短时间，可有效减少相机的耗电量。

▲ 当在野外拍摄时，除了要准备备用电池外，还可以将“显示屏关闭延迟”设置为较短时间，以尽量节省电量，从而可以多拍摄一些照片

焦　距 ▷ 35mm
光　圈 ▷ F8
快门速度 ▷ 1/400s
感 光 度 ▷ ISO100

d：拍摄/显示

文件编号次序

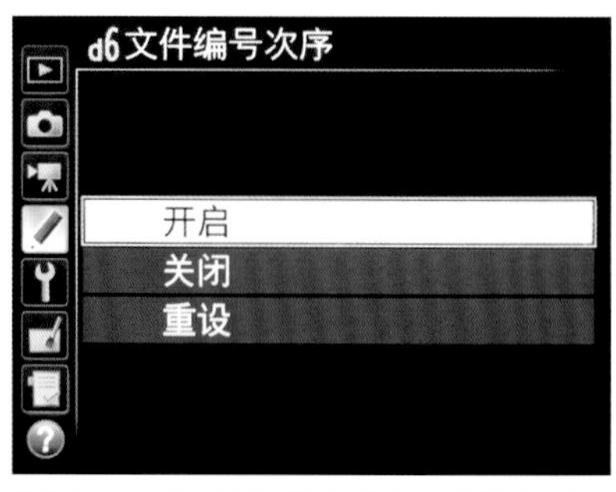

操作步骤：进入**自定义设定菜单**，选择 d **拍摄/显示**中的 d6 **文件编号次序**选项，按▲或▼方向键可选择**开启**、**关闭**或**重设**选项

功能要点：此菜单可用来控制文件编号的规格。

功能简介：拍摄照片后，相机通过将上次使用的文件编号加1来命名文件。使用该菜单可以控制在新建一个文件夹、格式化存储卡或在相机中插入一张新的存储卡后，是否从上次使用的文件编号后连续编号。

选项释义

- **开启**：选择此选项，则在新建文件夹、格式化存储卡或在相机中插入一张新的存储卡时，文件将从上次使用的编号或当前文件夹中的最大文件编号（取两者中较大编号）后接续编号。如果当前文件夹中已经包含编号为9999的照片，相机将为此时拍摄的照片自动新建文件夹，并且文件编号将重新从0001开始。
- **关闭**：选择此选项，则当新建一个文件夹、格式化存储卡或在相机中插入一张新的存储卡时，文件编号将重设为0001。要注意的是，若当前文件夹中已包含9999张照片，相机将为此时所拍摄的照片自动新建一个文件夹。
- **重设**：选择此选项，则下一张所拍照片的文件编号将在当前文件夹中最大文件编号的基础上加1，除此之外，该选项的功能和选择“开启”时相同。若当前文件夹为空文件夹，则文件编号将重设为0001。

取景器网格显示

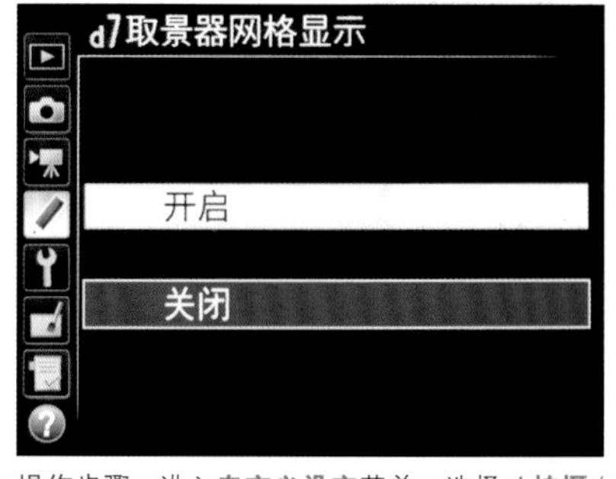

操作步骤：进入**自定义设定菜单**，选择 d **拍摄/显示**中的 d7 **取景器网格显示**选项，按▲或▼方向键可选择**开启**或**关闭**选项

功能要点：该菜单用于设置是否显示取景器网格。

功能简介：此菜单包含“开启”和“关闭”两个选项。选择“开启”选项时，在拍摄时取景器中将显示可选网格线以辅助构图。

使用经验：Nikon D750相机的“取景器网格显示”功能可以为我们进行精确构图时提供极大的便利，如严格的水平线或垂直线构图等。另外，4×4的网格结构，也可以帮助我们进行较准确的3分法构图。

拍摄水景时可以借助于取景器的网格线，方便对齐水平线

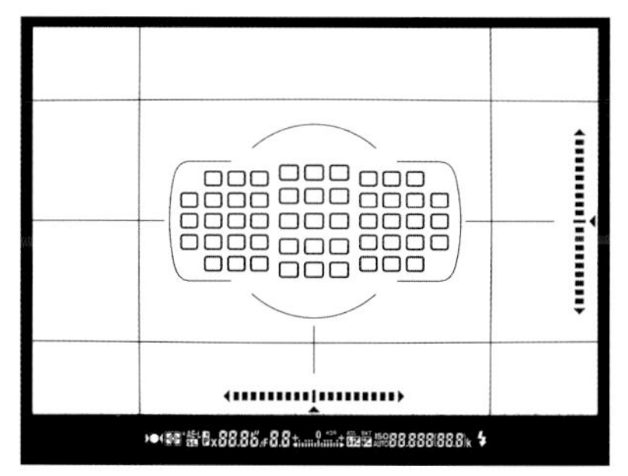
▲ 显示网格时的取景器状态

e：包围/闪光

闪光同步速度

功能要点：该菜单用于控制闪光同步速度，也就是闪光灯闪光的速度与快门速度的同步值。

e1闪光同步速度
1/250秒（自动FP）
1/200秒（自动FP）
1/200秒
1/160秒
1/125秒
1/100秒
1/80秒
1/60秒

操作步骤：进入**自定义设定**菜单，选择 **e 包围/闪光**中的 **e1 闪光同步速度**选项，按▲或▼方向键可选择不同的闪光同步速度值

选项释义

- 1/200~1/60s：选择不同的选项，即可将闪光同步速度设置为所选值。
- 1/250s（自动FP）、1/200s（自动FP）：若外置闪光灯支持，选择这两个选项时，即相当于启用了高速闪光同步模式。

闪光快门速度

功能要点：在Nikon D750中，该菜单用于设置在P挡程序自动模式或A挡光圈优先模式下，使用前后帘同步或防红眼时可使用的最低快门速度。闪光快门速度的取值范围为1/60~2s。

e2闪光快门速度
1/60秒
1/30秒
1/15秒
1/8秒
1/4秒
1/2秒
1秒
2秒

操作步骤：进入**自定义设定**菜单，选择 **e 包围/闪光**中的 **e2 闪光快门速度**选项，按▲或▼方向键可选择不同的闪光快门速度值

使用经验：不论选择何种设定，在S挡快门优先模式和M挡全手动模式下，或者当闪光灯设为慢同步、慢速后帘同步或防红眼带慢同步时，快门速度可慢至30s。

焦　　距 ▷ 35mm
光　　圈 ▷ F4
快门速度 ▷ 1/200s
感 光 度 ▷ ISO100

▶ 在逆光条件下拍摄人像时，为了使模特的面部获得充足的光照，在“闪光同步速度”菜单选项中选择“1/320s（自动FP）”选项，以使闪光灯能够配合摄影师在拍摄时使用高速快门

f：控制

释放按钮以使用拨盘

功能要点：认情况下，在使用BKT、ISO、QUAL、WB或AF等机身按钮配合主/副指令拨盘设置参数时，需要按住此按钮的同时转动指令拨盘。

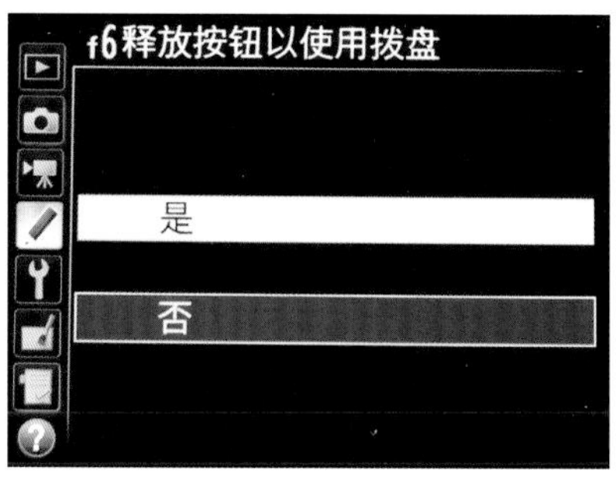

操作步骤：进入**自定义设定**菜单，选择 f **控制**中的 f6 **释放按钮以使用拨盘**选项，按▲或▼方向键可设置是否启用该功能

空插槽时快门释放锁定

功能要点：如果忘记为相机装存储卡，无论你多么用心拍摄，终将一张照片也留不下来，白白浪费时间和精力，利用“空插槽时快门释放锁定”菜单可防止出现未安装储存卡而进行拍摄的情况出现。

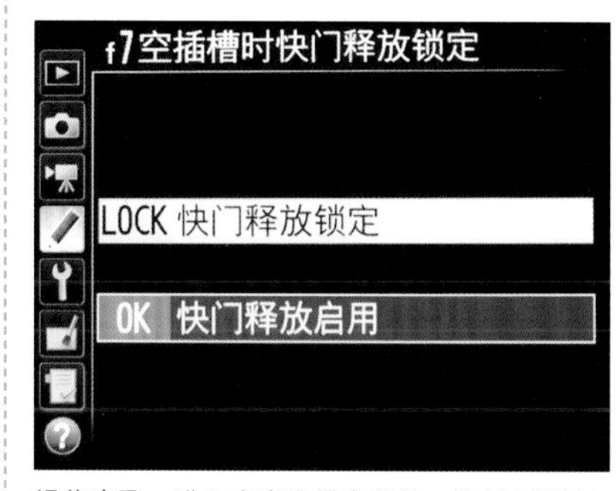

操作步骤：进入**自定义设定**菜单，选择 f **控制**中的 f7 **空插槽时快门释放锁定**选项，按▲或▼方向键选择一个选项

选项释义

- 快门释放锁定：选择此选项，则不允许无存储卡时按下快门。
- 快门释放启用：选择此选项，未安装储存卡时仍然可以按下快门，但照片无法被存储（此时，照片将以 demo 模式出现在显示屏中）。

使用经验：通常情况下，建议选择“LOCK快门释放锁定”选项，这样可以在第一时间发现是否安装了存储卡，从而避免忘装存储卡、延误拍摄时机的情况发生。

焦　距▶20mm
光　圈▶F7.1
快门速度▶1/320s
感 光 度▶ISO100

▼大自然中一些光影画面转瞬即逝，养成将快门释放锁定的习惯，以免因忘记装存储卡进行拍摄，而存储不了照片的遗憾情况

设定菜单

格式化存储卡

功能要点：“格式化存储卡”功能用于删除储存卡内的全部数据。一般在使用新购买的储存卡时都要对其进行格式化操作。

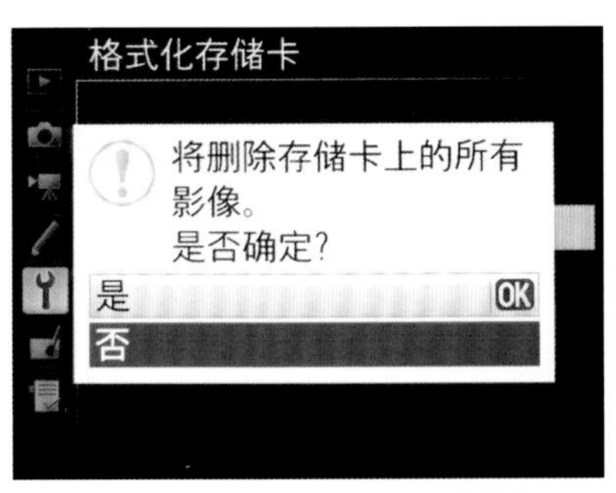

操作步骤：选择**设定**菜单中的**格式化存储卡**选项，按▲或▼方向键选择要格式化的插槽选项，并按下OK按钮确认，按▲或▼方向键选择**是**选项，按下OK按钮即可对选定的存储卡进行格式化

使用经验：在格式化之前，一定要确保存储卡中的数据确实已经无用，因为格式化后，存储卡中的所有数据都将消失——包括非图像文件，以及之前设置过保护锁定的图像等。

显示屏亮度

功能要点：此菜单用于控制显示器的亮度。

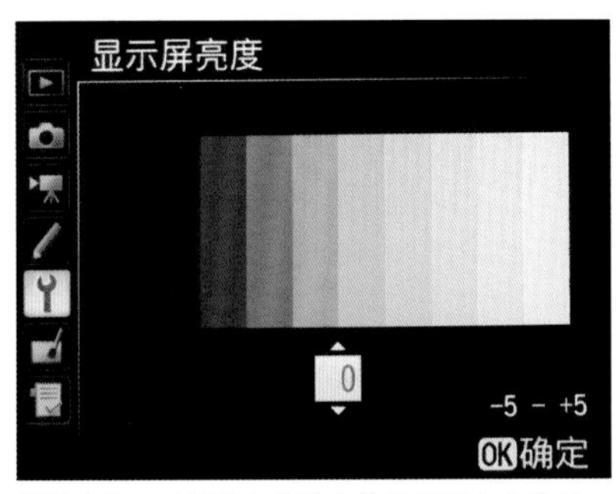

操作步骤：选择**设定**菜单中的**显示屏亮度**选项，按▲或▼方向键选择**手动**或**自动**选项

使用经验：建议找一个显示正确的显示器，然后在计算机和相机上显示同一张照片，再调整显示屏的亮度，直至二者的显示最为相近为止，这样可保证查看到的照片结果尽可能接近最终需要的结果，而不会有太大的偏差。

另外，在光线充足的环境里查看相机的显示屏时，由于屏幕会出现明亮反光，因此难以看清。但如果能够灵活运用以下几个小技巧，则能够较好地解决此问题。

（1）选择背光的方向查看显示屏，并在查看时用手遮挡阳光。

（2）购买专用显示屏遮光罩，这种遮光罩可以在屏幕上方弹出，以遮挡强光。

（3）用随身衣物罩住相机，形成较暗的观看环境，以便于看清显示屏。

焦　　距 ▷ 600mm
光　　圈 ▷ F7.1
快门速度 ▷ 1/1250s
感 光 度 ▷ ISO500

◀ 在格式化存储卡时一定要检查好是否将照片都备份好了，以免删掉喜欢的照片而造成不必要的遗憾

电池信息

功能要点：该菜单用于查看相机中当前所使用电池的信息。

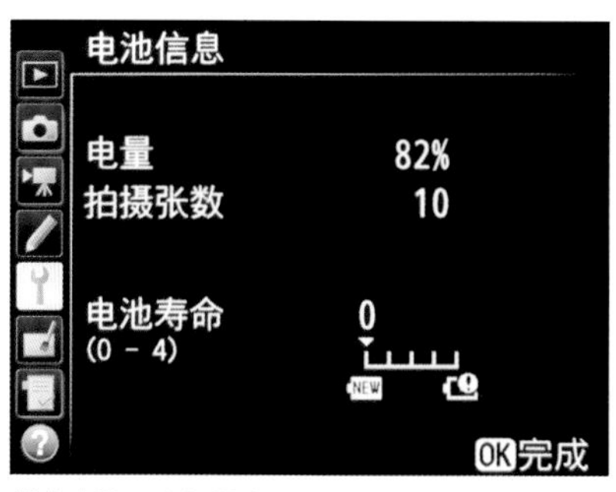

操作步骤：选择**设定**菜单中的**电池信息**选项，可查看电池的详细信息

选项释义

- 电量：以百分比显示电池当前的剩余电量。
- 拍摄张数：自当前电池最近一次充电以来释放快门的次数。要注意的是相机有时可能会释放快门但不拍摄照片，如测量预设白平衡时。
- 电池寿命：电池寿命分为5级。0（NEW）表示电池性能良好，4（♻）表示电池已达寿命，需要更换电池。要注意的是，在温度低于5 ℃的环境下为电池充电时，其使用寿命显示将暂时会降低；但是，一旦在20 ℃或温度更高的环境下对该电池进行充电，其使用寿命显示将恢复正常。

虚拟水平

功能要点：当进行严谨的摄影时，如果需要相机保持水平状态，则可以启用Nikon D750的“虚拟水平”功能，以便进行更准确的水平构图。

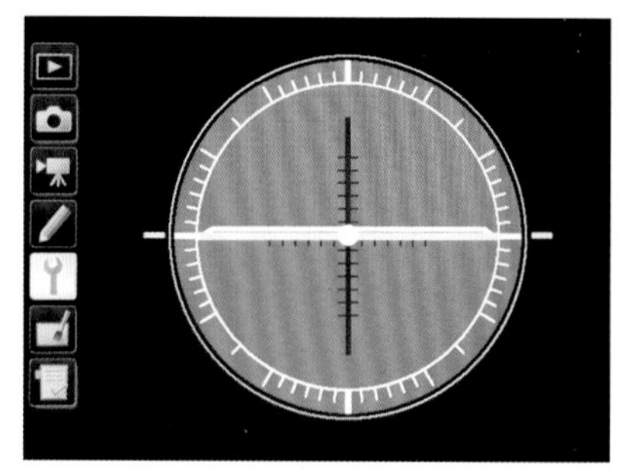

操作步骤：选择**设定**菜单中的**虚拟水平**选项，调整相机使其左右、前后均处于水平时的状态

自动旋转图像

功能要点：此菜单用于控制照片显示时是否将竖幅照片自动旋转为竖直方向显示。

功能简介：选择“开启”选项时，拍摄的照片中将包含相机的方向信息，这些照片在播放过程中或者在ViewNX2或CaptureNX2中查看时会自动旋转，可记录相机的3个方向：风景（横向）方向、相机顺时针旋转90°和相机逆时针旋转90°。选择“关闭”选项时，将不记录相机的方向信息。

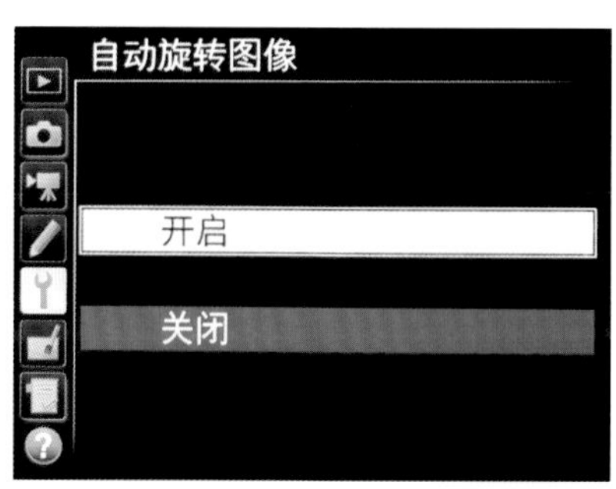

操作步骤：选择**设定**菜单中的**自动旋转图像**选项，按▲或▼方向键可选择是否启用自动旋转图像功能

当“自动旋转图像”设置为“关闭”时

▲ 旋转至竖直方向 关闭

▲ 旋转至竖直方向 开启

当“自动旋转图像”设置为“开启”时

▲ 旋转至竖直方向 关闭

▲ 旋转至竖直方向 开启

使用经验：此命令通常是与前面所讲述过的“旋转至竖直方向”命令结合在一起使用的，如果此选项设置为“关闭”，则即使在“旋转至竖直方向”菜单命令中选中“开启”选项，照片也不会被自动旋转过来，因为此时拍摄的照片并没有记录拍摄时相机的方向。

第4章

「获得正确曝光」

全自动拍摄模式

Nikon D750的全自动拍摄模式包括两种，即全自动曝光模式和全自动（闪光灯关闭）曝光模式，二者之间的区别就在于闪光灯是否被关闭。

全自动曝光模式

全自动曝光模式也叫“傻瓜拍摄模式”，从提高摄影水平的角度看，可以说是毫无用处的模式，但如果光线均匀、明亮，使用这种拍摄模式也能够拍摄出不错的照片。

使用经验：此模式适用于所有拍摄场景。由于曝光和其他相关参数由相机按预定程序自动控制，因此可以快速进入拍摄状态，操作简单，在多数情况下都能拍出有一定水准的照片，可满足家庭用户日常拍摄需求，尤其适合抓拍突发事件等。闪光灯将在光线不足时自动被开启。特别注意的是，此模式下用户可调整的空间很小，对提高摄影水平帮助不大。

全自动（闪光灯关闭）曝光模式

在弱光环境下，全自动曝光模式会自动弹出闪光灯进行补光，如果拍摄儿童或受环境制约（如在博物馆、海底世界拍摄）不能使用闪光灯时，则可以切换至此模式，但由于光线不足，拍摄时很容易因为相机的震动而导致成像模糊，所以最好能使用三脚架保持相机的稳定。

使用经验：此模式除关闭闪光灯外，其他方面与全自动曝光模式完全相同，如果需要使用闪光灯，一定要切换至其他支持此功能的拍摄模式。

常用场景模式

在使用场景模式拍摄时，不需要摄影师对相机的任何参数进行设置，只需要把相机的模式转盘转到SCENE模式并旋转主指令拨盘即可选择相应的场景模式。

Nikon D750提供了人像模式、风景模式、儿童模式、运动模式、微距模式、夜间人像模式、夜景模式、宴会/室内模式、海滩/雪景模式、日落模式、黄昏/黎明模式、宠物像模式、烛光模式、花模式、秋色模式、食物模式共16种场景模式。

操作步骤：按下模式拨盘锁定解除按钮并旋转模式拨盘至SCENE，然后转动主指令拨盘选择相应的场景模式。按下info按钮可查看当前所选的场景模式

人像模式

使用人像模式拍摄时，相机将在当前最大光圈的基础上进行一定的收缩，以保证获得较高的成像质量，并使人物的脸部更加柔美、背景呈漂亮的虚化效果。在光线较弱的情况下，相机会自动开启闪光灯进行补光。按住快门不放即可进行连拍，以保证在拍摄运动中的人像时也可以成功地记录其运动的精彩瞬间。在开启闪光灯的情况下，无法进行连拍。

使用经验：适合拍摄人像及希望虚化背景的对象，能拍摄出层次丰富、肤色柔滑的人像照片，而且能够尽量虚化背景，突出主体。特别注意拍摄环境人像时，画面色彩可能较柔和。

风景模式

使用风景模式可以在白天拍摄出色彩艳丽的风景照片，为了保证获得足够大的景深，在拍摄时相机会自动缩小光圈。在此模式下，闪光灯将被强制关闭，如果是在较暗的环境中拍摄风景，可以选择夜景模式。

使用经验：适合拍摄景深较大的风景、建筑等，拍出的画面会色彩鲜明、锐度较高。在此模式下，即使在光线不足的情况下，闪光灯也一直保持关闭状态。

儿童照模式

可以将儿童照模式理解为人像模式的特别版，即根据儿童在着装色彩上较为鲜艳的特点进行色彩校正，并保留皮肤的自然色彩。

使用经验：适合拍摄儿童或色彩较鲜艳的对象。即使在下雪天等不太利于表现色彩的环境中，使用儿童照模式也能拍到不错的色彩，同时采用了人像模式中比最大光圈略低一挡的光圈设定，能够得到很好的背景虚化效果。特别注意在拍摄低色调的照片时，色彩可能会显得过于浓重。

运动模式

使用运动模式拍摄时，相机将使用高速快门以确保拍摄的动态对象能够清晰成像，该模式特别适合凝固运动对象的瞬间动作。为了保证精准对焦，相机会默认使用AF-A自动伺服对焦模式，对焦点会自动跟踪运动的主体。

使用经验：此模式下方便进行运动摄影，凝固瞬间动作。适合拍摄运动对象。特别注意的是，当光线不足时会自动提高感光度数值，画面可能会出现较明显的噪点；如果要使用慢速快门，则应该使用其他模式进行拍摄。

近摄模式

近摄模式适合拍摄花卉、静物、昆虫等微小物体。在该模式下，拍摄到的主体更大，清晰度也会更高，明显比使用全自动模式拍摄的效果好。

在拍摄时，如果使用的是变焦镜头，应调至最长焦端，这样能使拍摄到的主体在画面中显得更大。另外，在选择背景时，应尽量让背景保持简洁，这样可以使主体更加突出。如果相机识别到现场的光照条件较差，会自动开启闪光灯。

使用经验：此模式下，方便进行微距摄影，如花卉、昆虫等，可得到色彩鲜艳、锐度较高的画面。如果要使用小光圈获得大景深，则需要使用其他拍摄模式。

夜间人像模式

选择此模式后，相机会自动打开内置闪光灯，以保证人物获得充分的曝光，同时，该模式还兼顾了人物以外的环境，即开启慢速闪光同步功能，在闪光灯照亮人物的同时，慢速快门也能使画面的背景获得充足的曝光。

夜景模式

夜景模式适合拍摄夜间的风景。为了保证获得足够大的景深，通常会使用较小的光圈，此时并不会弹出闪光灯进行补光。相对于夜间人像模式而言，使用该模式拍摄时更需要使用三脚架，以保证相机的稳定。

宴会/室内模式

宴会/室内模式适合拍摄室内照明环境中的对象，例如聚会和其他室内场景。

海滩/雪景模式

海滩/雪景模式适合拍摄阳光下的水面、雪地、沙滩等场景。在此模式下，内置闪光灯和AF 辅助照明器将被关闭。

黄昏/黎明模式

黄昏/黎明模式适合拍摄黄昏或黎明时的风光照片，同样，由于场景光线比较暗淡，因此需要使用三脚架。

日落模式

使用日落模式可以拍摄日落前或日出后的风景，以表现温暖的深色调，由于光线比较暗，因此需要使用三脚架稳定相机。

花模式

花模式对色彩进行了优化设置，以保证拍摄到的照片色彩比较鲜艳，适合拍摄红、绿、蓝、粉等色彩的花卉。

烛光模式

烛光模式适合在烛光下拍摄。为了不破坏现场气氛，内置闪光灯将被自动关闭；拍摄时推荐使用三脚架，以避免由于光线不足而导致画面模糊。

秋色模式

秋色模式适合表现秋天常见的红色和黄色。

食物模式

食物模式适合拍摄逼真的食物照片。为了追求高画质，推荐使用三脚架以避免画面模糊。拍摄时还可以使用闪光灯，以增加食物的光泽度。

宠物像模式

宠物像模式适合拍摄活泼的宠物。开启此模式后，AF 辅助照明器将被关闭。

特殊效果模式

特效效果模式是尼康中端相机特有的拍摄模式，使用这种拍摄模式拍摄时，拍出的照片具有类似经过数码后期处理而得到的特效效果。根据选择的选项不同，可得到彩色素描、模型效果、剪影、高色调、低色调等效果的照片。

操作步骤： 按下模式拨盘锁定解除按钮并旋转模式拨盘至EFFECTS，然后转动主指令拨盘选择相应的效果模式。按下info按钮可查看当前所选的效果模式

夜视

夜视模式适合在黑暗环境中以高ISO感光度记录单色图像（图像中将带有一些噪点，如不规则间距明亮像素、雾像或条纹）。

如果拍摄时相机无法实现自动对焦，可使用手动对焦模式进行手动对焦。此时，内置闪光灯和AF 辅助照明器会被关闭，由于曝光时间较长，因此推荐使用三脚架以避免画面模糊。

彩色素描

使用此模式拍摄时，相机通过提取轮廓并为其着色以获得彩色素描效果。

模型效果

使用此模式拍摄时，可使远距离的拍摄对象呈现出模型效果。

可选颜色

使用此模式拍摄时，可以将想强调的颜色之外的图像以黑白形式表现出来，最多可选择3种颜色。

剪影

使用此模式拍摄时，可将明亮背景下的拍摄对象表现为剪影轮廓效果。

高色调 Hi

使用此模式拍摄时，可将明亮光线下的场景表现为色彩明快的高调。

低色调 Lo

使用此模式拍摄时，可将暗淡光线下的场景表现为色彩低沉的暗调。

灵活使用曝光模式

Nikon D750提供了程序自动、光圈优先和快门优先3种自动曝光模式，以及完全由摄影师控制拍摄参数的手动曝光模式，这已经完全可以满足摄影师的拍摄需求了。

程序自动模式（P）

程序自动曝光模式在Nikon D750的显示屏上显示为“P”。

使用这种曝光模式拍摄时，光圈和快门速度由相机自动控制，相机会自动给出不同的曝光组合，此时拨动主指令拨盘可以在相机给出的曝光组合中进行自由选择。除此之外，白平衡、ISO感光度、曝光补偿等参数也可以手动控制。

通过对这些参数进行不同的设置，拍摄者可以得到不同效果的照片，而且不用自己去考虑光圈和快门速度的数值就能够获得较为准确的曝光。程序自动曝光模式常用于拍摄新闻、纪实等需要抓拍的题材。

在实际拍摄时，向右旋转主指令拨盘可获得模糊背景细节的大光圈（低F值）或“锁定”动作的高速快门曝光组合；向左旋转主指令拨盘可获得增加景深的小光圈（高F值）或模糊动作的低速快门曝光组合。此时相机的取景器中会显示P图标。

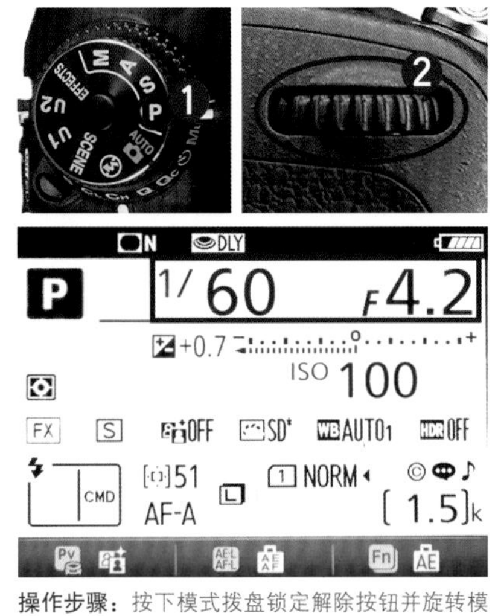

操作步骤：按下模式拨盘锁定解除按钮并旋转模式拨盘至P即可。在P模式下，转动主指令拨盘可选择不同的光圈与快门速度组合

使用经验：相机自动选择的曝光设置未必是最佳组合。例如，摄影师可能认为按此快门速度手持拍摄不够稳定，或者希望用更大的光圈。此时，可以利用Nikon D750的柔性程序，即在P模式下，在保持测定的曝光值不变的情况下，通过转动主指令拨盘来改变光圈和快门速度组合（即等效曝光）。

焦　距 ▷ 105mm
光　圈 ▷ F2.8
快门速度 ▷ 1/800s
感 光 度 ▷ ISO100

◀ 用P挡快速抓拍身着盛装的狂欢者，画面效果十分生动

快门优先模式（S）

快门优先曝光模式在Nikon D750的显示屏上显示为“S”。

使用这种曝光模式拍摄时，摄影师可以转动主指令拨盘从1/4000~1/30s选择所需快门速度，然后相机会根据快门速度自动计算光圈的大小，以获得正确的曝光。

在拍摄时，快门速度需要根据拍摄对象的运动速度及照片的表现形式来决定。

较高的快门速度可以凝固动作或者移动主体的瞬间；较慢的快门速度可以形成模糊效果，从而产生动感。

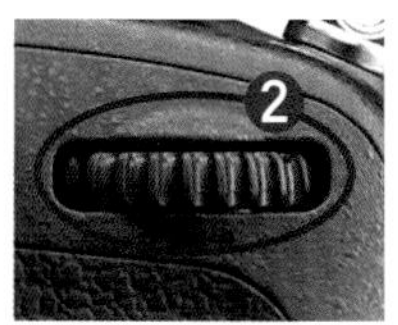

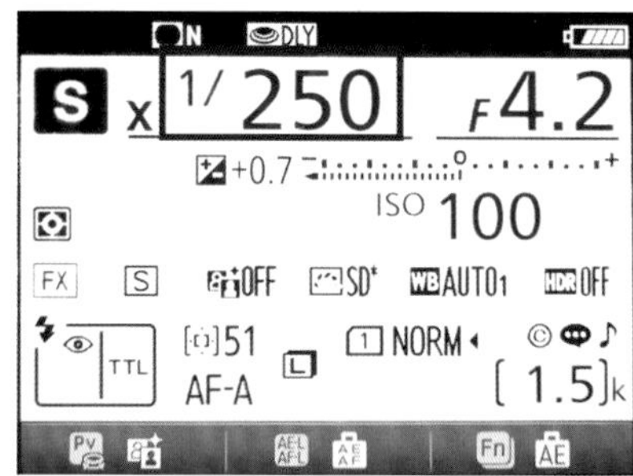

操作步骤： 按下模式拨盘锁定解除按钮并旋转模式拨盘至S即可。在S模式下，转动主指令拨盘即可选择不同的快门速度值

焦　　距 ▷ 500mm
光　　圈 ▷ F6.3
快门速度 ▷ 1/1000s
感 光 度 ▷ ISO400

◀ 若想抓拍到清晰的鸟类画面，需设置较高的快门速度

焦　　距 ▷ 16mm
光　　圈 ▷ F14
快门速度 ▷ 2s
感 光 度 ▷ ISO200

◀ 以2s的曝光时间拍摄得到丝滑的瀑布效果

光圈优先模式(A)

光圈优先曝光模式在Nikon D750的显示屏上显示为“A”。

使用这种曝光模式拍摄时，相机会根据当前设置的光圈大小自动计算出合适的快门速度。使用光圈优先模式可以控制画面的景深，在同样的拍摄距离下，光圈越大，景深越小，即画面中的前景、背景的虚化效果就越好；反之，光圈越小，景深越大，即画面中的前景、背景的清晰度就越高。

使用经验：使用光圈优先模式应该注意如下两个问题。

（1）当光圈过大而导致快门速度超出了相机的极限时，如果仍然希望保持该光圈，可以尝试降低ISO感光度的数值，或使用中灰滤镜降低光线的进入量，以保证曝光准确。

（2）当为了得到大景深而使用小光圈时，应该注意快门速度不能低于安全快门速度。

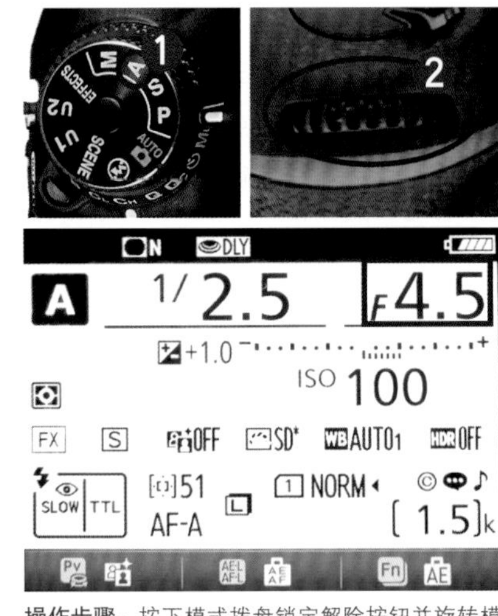

操作步骤：按下模式拨盘锁定解除按钮并旋转模式拨盘至A即可。在A模式下，转动副指令拨盘可选择不同的光圈值

▲在微距摄影中，由于其放大倍率较高，因此通常采用中等光圈

▲使用F16的小光圈拍摄得到大景深的风光画面，画面前后的景物都非常清晰

全手动模式（M）

全手动曝光模式在Nikon D750的显示屏上显示为“M”。

使用这种曝光模式拍摄时，所有拍摄参数都由摄影师手动进行设置，使用此模式拍摄有以下优点。

首先，使用M 挡全手动模式拍摄时，当摄影师设置好恰当的光圈、快门速度数值后，即使移动镜头进行再次构图，光圈与快门速度数值也不会发生变化。

其次，使用其他曝光模式拍摄时，往往需要根据场景的亮度在测光后进行曝光补偿操作；而在M 挡全手动模式下，由于光圈与快门速度值都是由摄影师设定的，因此设定的同时就可以将曝光补偿考虑在内，从而省略了曝光补偿的设置过程。因此，在全手动模式下，摄影师可以按自己的想法让影像曝光不足，以使照片显得较暗，给人忧伤的感觉；或者让影像稍微过曝，拍摄出明快的高调照片。

另外，当在摄影棚拍摄并使用了频闪灯或外置非专用闪光灯时，由于无法使用相机的测光系统，而需要使用闪光灯测光表或通过手动计算来确定正确的曝光值，此时就需要手动设置光圈和快门速度，从而实现正确的曝光。

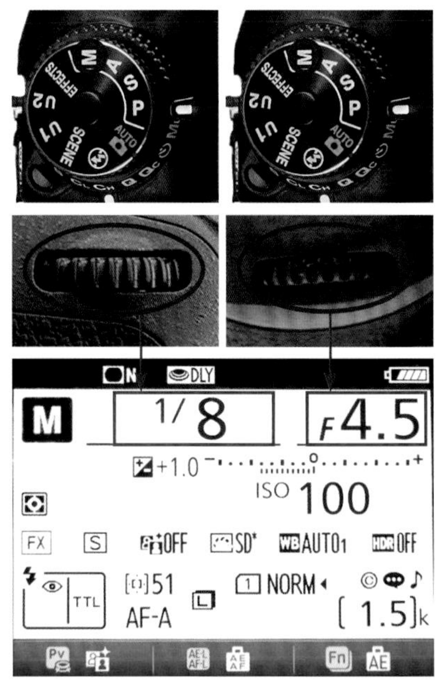

操作步骤：按下模式拨盘锁定解除按钮并旋转模式拨盘至 M 即可。在 M 模式下，转动主指令拨盘可选择不同的快门速度，转动副指令拨盘可选择不同的光圈值

▲ 在棚内拍摄人像时，由于光线较为固定，不会有明显的变化，而且有时也受光具的限制，因此通常都是采用手动模式进行拍摄

焦　　距 ▷ 50mm
光　　圈 ▷ F5
快门速度 ▷ 1/160s
感 光 度 ▷ ISO100

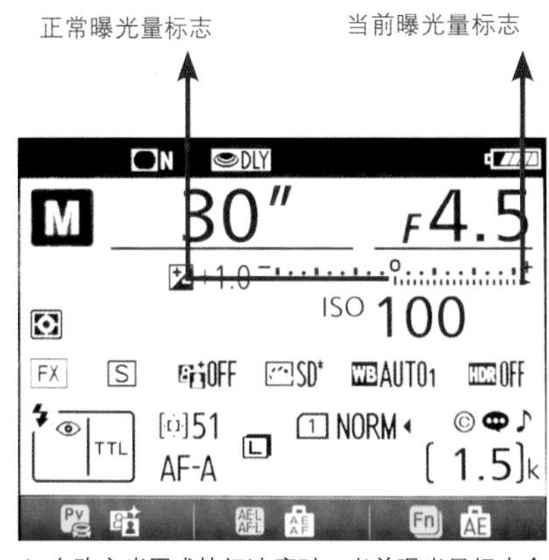

▲ 在改变光圈或快门速度时，当前曝光量标志会左右移动，当其位于标准曝光量标志的位置时，就能获得相对准确的曝光

使用经验：在改变光圈或快门速度时，曝光量标志会左右移动，当曝光量标志位于正常曝光量标志的位置时，能获得相对准确的曝光。

当前曝光量标志靠近标有“-”号的右侧时，表明如果使用当前曝光组合拍摄，照片会偏暗（欠曝）；反之，当前曝光量标志靠近标有“+”号的左侧时，表明如果使用当前曝光组合拍摄，照片会偏亮（过曝）。在拍摄时要通过调整光圈、快门速度及感光度等曝光要素，使曝光量标志正好位于正常曝光量标志处（希望照片过曝或曝光不足的类型除外）。

B门曝光模式

使用B门模式拍摄，完全按下快门按钮时快门将保持打开，松开快门按钮时快门被关闭，即完成整个曝光过程，因此曝光时间取决于从快门按钮被按下到快门按钮被释放的持续时间长度，此曝光模式特别适合拍摄光绘、天体、焰火等需要长时间曝光并手动控制曝光时间的题材。为了避免画面模糊，使用B门模式拍摄时，应该使用三脚架及遥控快门线。

包括Nikon D750在内的所有数码单反相机，都只支持最低30s的快门速度，也就是说，对于超过30s的曝光时间，只能通过B门模式进行手动控制。

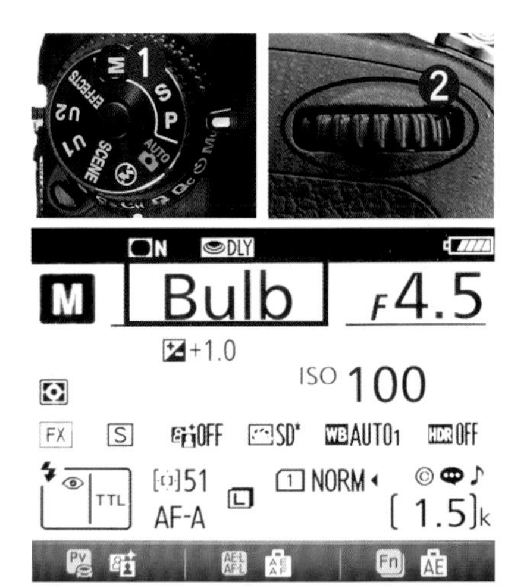

操作步骤：先将曝光模式设置为M挡全手动模式，然后向左转动主指令拨盘直至控制面板或显示屏显示快门速度为Bulb，即可切换至B门模式

▲ 使用B门模式自定义曝光时间，以1800s的时间拍摄得到长长的星轨效果

焦　　距 ▷ 24mm
光　　圈 ▷ F6.3
快门速度 ▷ 1800s
感 光 度 ▷ ISO500

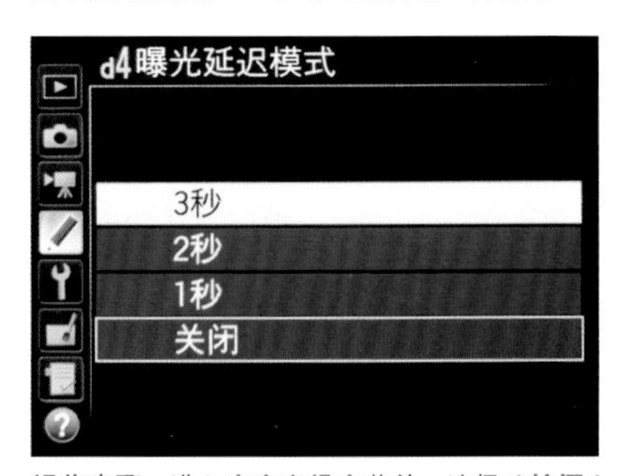

操作步骤：进入**自定义设定**菜单，选择d **拍摄/显示**中的d4 **曝光延迟模式**选项，按▲或▼方向键可选择不同的曝光延迟时间，或关闭曝光延迟模式

使用经验：使用B门模式但未使用遥控器拍摄时，应该在“自定义设定”菜单中将“d4 曝光延迟模式”设置为“2s”，这样会使摄影师在按下快门释放按钮且相机升起反光板后，延迟快门释放约2s，以避免因为按下快门按钮使机身抖动而导致照片模糊。

另外，采用长时间曝光拍摄时，散射光会进入取景器，影响最终的曝光效果。为了避免出现这种问题，可以用衣物或使用Nikon D750配备的接目镜盖将取景器完全遮住。

▲ 取下接目镜罩，插入接目镜盖

长时间曝光降噪

功能简介：使用任何一款数码相机拍摄时，曝光时间越长，则产生的噪点就越多，Nikon D750在这一方面也不例外。此时可以启用“长时间曝光降噪”功能来削减画面中产生的噪点。

选项释义：

- 开启：选择此选项，相机会对所有曝光时间超过 1s 拍摄的画面进行降噪处理。
- 关闭：选择此选项，则关闭“长时间曝光降噪”功能。

使用经验：开启此功能后，相机将对曝光时间超过1s所拍摄的照片进行减少噪点处理。处理所需时间长度约等于当前快门速度。

例如，在使用30s的快门速度拍摄夜景时，则使用此功能消除照片中的噪点也要用30s的时间。需要注意的是，在处理过程中，取景器中的Job nr字样将会闪烁且无法拍摄照片（若处理完毕前关闭相机，则照片会被保存，但相机不会对其进行降噪处理）。

操作步骤：选择**照片拍摄**菜单中的**长时间曝光降噪**选项，按▲或▼方向键可选择**开启**或**关闭**选项

▲ 在拍摄夜景时，为了获得更充足的曝光，最常使用到长时间曝光，但随之而来的噪点会影响画面质量，因此开启“长时间曝光降噪”尤为重要

焦　距 ▷ 17mm
光　圈 ▷ F9
快门速度 ▷ 15s
感 光 度 ▷ ISO100

快门速度

快门速度的基本概念

快门是相机中用于控制曝光时间的组件，这个曝光时间即我们所说的快门速度。

快门速度以s为单位，通常写作s，常见的快门速度有30s、15s、8s、4s、2s、1s、1/2s、1/4s、1/8s、1/15s、1/30s、1/60s、1/125s、1/250s、1/500s、1/1000s、1/2000s及1/4000s等。

快门速度与画面亮度

在其他条件不变的情况下，快门速度提高一挡，则曝光时间减少一半，因此画面中的曝光降低一挡，即画面变得更暗；反之，快门速度降低一挡，则曝光时间增加一倍，因此画面的曝光增加一挡，即画面变得更亮。

▲ 焦距：100mm　光圈：F4.5　快门速度：1/5s　感光度：ISO100

▲ 焦距：100mm　光圈：F4.5　快门速度：1/4s　感光度：ISO100

▲ 焦距：100mm　光圈：F4.5　快门速度：1/3s　感光度：ISO100

▲ 焦距：100mm　光圈：F4.5　快门速度：1/2.5s　感光度：ISO100

▲ 焦距：100mm　光圈：F4.5　快门速度：1/2s　感光度：ISO100

▲ 焦距：100mm　光圈：F4.5　快门速度：1s　感光度：ISO100

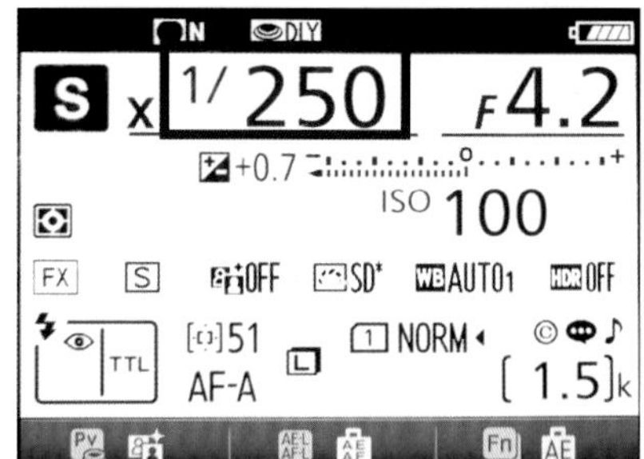

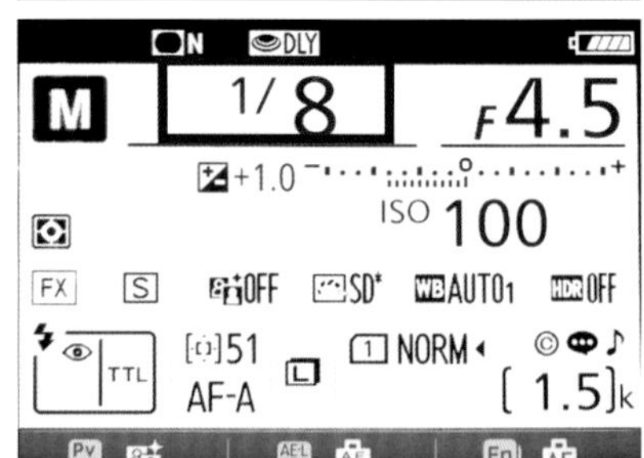

操作步骤：按下模式拨盘锁定解除按钮并旋转模式拨盘至快门优先或全手动模式。在快门优先和全手动模式下，转动主指令拨盘即可选择不同的快门速度值

如前面所述，快门速度的快慢决定了曝光量的多少，在其他条件不变的情况下，每一倍的快门速度变化即代表了一倍曝光量的变化。例如，当快门速度由1/125s 变为1/60s 时，由于快门速度慢了一倍，曝光时间增加了一倍，因此总的曝光量也随之增加了一倍。从左侧展示的一组照片中可以发现，在光圈与ISO 感光度数值不变的情况下，快门速度越慢、曝光时间越长，则画面感光越充分，画面就越亮。

快门速度与画面动感

拍摄动感的对象时，不同的快门速度会呈现出完全不同的画面效果。通常，快门时间越长，被摄对象在画面中留下的轨迹也越长，会营造出一种动感效果；而快门速度越短，则可将运动中的被摄对象瞬间定格在画面中，得到清晰的画面效果。

▲ 焦距：100mm　光圈：F6.3　快门速度：1/500s　感光度：ISO100

▲ 焦距：100mm　光圈：F7.1　快门速度：1/320s　感光度：ISO100

▲ 焦距：100mm　光圈：F9　快门速度：1/200s　感光度：ISO100

▲ 焦距：100mm　光圈：F11　快门速度：1/125s　感光度：ISO100

▲ 焦距：100mm　光圈：F14　快门速度：1/80s　感光度：ISO100

▲ 焦距：100mm　光圈：F20　快门速度：1/50s　感光度：ISO100

▲ 焦距：100mm　光圈：F25　快门速度：1/30s　感光度：ISO100

▲ 焦距：100mm　光圈：F32　快门速度：1/25s　感光度：ISO100

▲ 焦距：100mm　光圈：F32　快门速度：1/20s　感光度：ISO100

通过这一组照片可看出，随着快门速度逐渐升高，喷泉的水柱线也越来越长，喷泉虚化的效果越来越明显。

知识链接：认识安全快门

在快门速度的基础上，还要注意一个安全快门值。所谓的安全快门，是指在手持拍摄时能保证画面清晰的最低快门速度，其数值等同于当前所用焦距的倒数。例如当前焦距为200mm，拍摄时的快门速度应不低于1/200s。

当然，安全快门的计算只是一个参考值，它与个人的臂力、天气环境、是否有倚靠物等因素都有关系，因此可以根据实际情况进行适当的增减。

光圈

光圈的基本概念

在曝光参数中，我们所说的光圈即指光圈值，用于控制在单位时间（快门速度）内的通光量。

常见的光圈值有F1.4、F2、F2.8、F4、F5.6、F8、F11、F16、F22、F32、F36等，相邻光圈间的通光量相差一倍，光圈值的变化是1.4倍，每递进一挡光圈，光圈口径就不断缩小，通光量也逐挡减半。比如F2光圈下的进光量是F2.8的一倍，但在数值上，后者是前者的1.4倍，这也是光圈的变化规律。

光圈与画面亮度

如前所述，在其他参数不变的情况下，光圈增大一挡，则曝光量提高一倍，例如光圈从F4 增大至F2.8，即可增加一倍的曝光量；反之，光圈减小一挡，则曝光量也随之降低一半。换言之，光圈开启越大，通光量越多，所拍摄出来的照片也越明亮；光圈开启越小，通光量越少，所拍摄出来的照片也越暗淡。

下面是一组在焦距为100mm、快门速度为1/25s、感光度为ISO100 的情况下，只改变光圈值拍摄的照片。

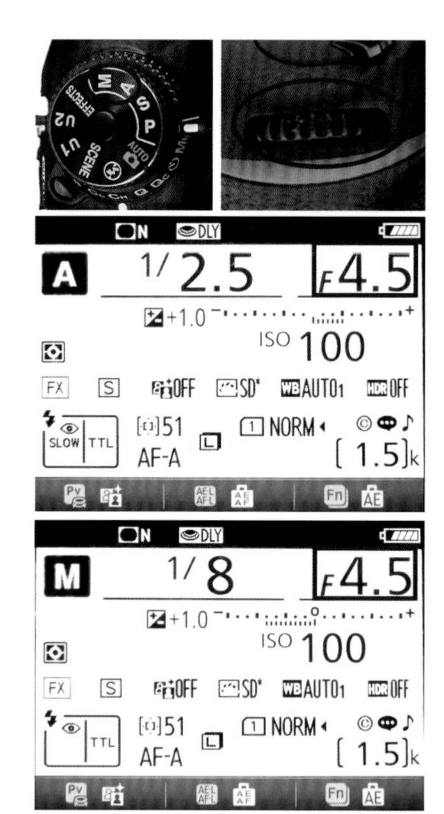

操作步骤：按下模式拨盘锁定解除按钮并旋转模式拨盘至光圈优先模式或全手动模式。在光圈优先模式或全手动模式下，转动副指令拨盘可选择不同的光圈值

▲ 焦距：100mm　光圈：F5　快门速度：1/80s　感光度：ISO640

▲ 焦距：100mm　光圈：F4.5　快门速度：1/80s　感光度：ISO640

▲ 焦距：100mm　光圈：F4　快门速度：1/80s　感光度：ISO640

▲ 焦距：100mm　光圈：F3.5　快门速度：1/80s　感光度：ISO640

▲ 焦距：100mm　光圈：F3.2　快门速度：1/80s　感光度：ISO640

▲ 焦距：100mm　光圈：F2.8　快门速度：1/80s　感光度：ISO640

从这一组照片可以看出，在相同的曝光时间内，当光圈逐渐变大时，画面逐渐变亮。

光圈与画面景深

光圈是控制景深（背景虚化程度）的重要因素。即在其他条件不变的情况下，光圈越大景深越小，反之光圈越小景深越大。在拍摄时想通过控制景深来使自己的作品更有艺术效果，就要合理使用大光圈和小光圈。

通过调整光圈数值的大小，即可拍摄不同的对象或表现不同的主题。例如，大光圈主要用于人像摄影、微距摄影，通过模糊背景来有效地突出主体；小光圈主要用于风景摄影、建筑摄影、纪实摄影等，大景深让画面中的所有景物都能清晰展现。

下面是一组在焦距为100mm、感光度为ISO100 的特定参数下，改变光圈值与快门速度拍摄的照片。

▲ 焦距：100mm 光圈：F14 快门速度：1/4s 感光度：ISO100

▲ 焦距：100mm 光圈：F11 快门速度：1/6s 感光度：ISO100

▲ 焦距：100mm 光圈：F9 快门速度：1/8s 感光度：ISO100

▲ 焦距：100mm 光圈：F7.1 快门速度：1/10s 感光度：ISO100

▲ 焦距：100mm 光圈：F5 快门速度：1/13s 感光度：ISO100

▲ 焦距：100mm 光圈：F4 快门速度：1/15s 感光度：ISO100

从这一组照片可以看出，当光圈从F14 逐渐增大到F4 时，画面的景深逐渐变小，使用的光圈越大，所拍出的画面中背景位置的橙色太阳花就越模糊。

快门速度与光圈的关系

快门速度与光圈之间的关系就好比自来水管的水龙头，光圈就好比水龙头的大小，快门速度就好比开放水龙头的时间。水龙头的口径越大，在同等的时间内水流量就会越多。同理可证，光圈越小，进光量就会越少，快门速度也就越慢。

快门速度	1/1000	1/500	1/250	1/125	1/60
光圈值	F2.8	F4.0	F5.6	F8.0	F11

当光圈过大，导致快门速度超出了相机的极限时，如果仍然希望保持该光圈，可以尝试降低ISO参数，或使用中灰滤镜降低光线的进入量，保证曝光准确。反之，如果光圈过小，或环境光线太弱，在此模式下，快门速度最低为30s，当到达该曝光时间时，将自动停止继续曝光。

感光度

感光度基本概念

操作步骤：按下 ISO 按钮并转动主指令拨盘，即可调节 ISO 感光度的数值

数码相机的感光度概念是从传统胶片感光度引入的，用于表示感光元件对光线的感光敏锐程度，即在相同条件下，感光度越高，获得光线的数量也就越多。但要注意的是，感光度越高，产生的噪点就越多。低感光度画面更清晰、细腻，细节表现较好。

Nikon D750作为全画幅相机， 在感光度的控制方面非常优秀。其常用感光度范围为ISO100~ISO12800， 并可以向下扩展至Lo（ 相当于ISO50），向上扩展至Hi 2（相当于ISO51200）。在光线充足的情况下， 一般使用ISO100拍摄即可。

感光度与画面亮度

作为控制曝光的三大要素之一，在其他条件不变的情况下，感光度每增加一挡，感光元件对光线的敏锐度会随之增加一倍，即曝光量增加一倍；反之，感光度每减少一挡，曝光量则减少一半。

更直观地说，感光度的变化直接影响光圈或快门速度的设置，以F2.8、1/200s、ISO400的曝光组合为例，在保证被摄体正确曝光的条件下，如果要改变快门速度并使光圈数值保持不变，可以通过提高或降低感光度来实现，快门速度提高一倍（变为1/400s），则可以将感光度提高一倍（变为ISO800）；如果要改变光圈值而保证快门速度不变，同样可以通过设置感光度数值来完成，例如要增加2挡光圈（变为F1.4），则可以将ISO感光度数值降低2倍（变为ISO100）。

▲ 焦距：100mm 光圈：F16 快门速度：5s 感光度：ISO640

▲ 焦距：100mm 光圈：F16 快门速度：5s 感光度：ISO800

▲ 焦距：100mm 光圈：F16 快门速度：5s 感光度：ISO1000

▲ 焦距：100mm 光圈：F16 快门速度：5s 感光度：ISO1250

▲ 焦距：100mm 光圈：F16 快门速度：5s 感光度：ISO1600

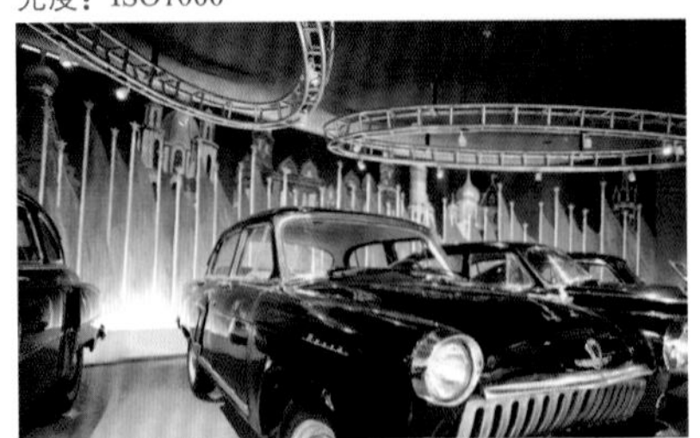

▲ 焦距：100mm 光圈：F16 快门速度：5s 感光度：ISO2000

上面展示的一组照片是在光圈与快门速度都不变的情况下，采用不同ISO感光度数值拍摄的照片，从图中可以看出，随着ISO感光度数值的增加，感光元件的感光敏锐度也不断提高，致使画面越来越亮。

感光度与噪点

感光度的变化除了对曝光会产生影响外，对画质也有着极大的影响。感光度越低，画面就越细腻；反之，感光度越高，就越容易产生噪点、杂色，画质就越差。

在条件允许的情况下，建议采用Nikon D750基础感光度中的最低值，即ISO100，这样可以在最大程度上保证得到较高的画质。

使用经验：使用相同的ISO感光度分别在光线充足与不足的环境中拍摄时，在光线不足环境中拍摄的照片会产生较多的噪点，如果此时再采用较长的曝光时间，那么就更容易产生噪点。因此在弱光环境中拍摄时，更需要设置低感光度，并配合“高ISO降噪”功能来获得较高的画质。

但低感光度的设置可能会导致快门速度很低，在手持拍摄时很容易由于手的抖动而导致画面模糊。此时，如果拍摄时没有或无法使用三脚架，应该果断地提高感光度，即优先保证能够成功完成拍摄，然后再考虑高感光度给画质带来的损失。因为画质损失在一定程度上可通过后期处理来弥补，而画面模糊则意味着拍摄失败，几乎无法补救。

▲ 焦距：100mm 光圈：F3.5 快门速度：1/5s 感光度：ISO200

▲ 焦距：100mm 光圈：F3.5 快门速度：1/10s 感光度：ISO400

▲ 焦距：100mm 光圈：F3.5 快门速度：1/20s 感光度：ISO800

▲ 焦距：100mm 光圈：F3.5 快门速度：1/40s 感光度：ISO1600

▲ 焦距：100mm 光圈：F3.5 快门速度：1/80s 感光度：ISO3200

▲ 焦距：100mm 光圈：F3.5 快门速度：1/160s 感光度：ISO6400

▲ 焦距：100mm 光圈：F3.5 快门速度：1/320s 感光度：ISO12800

▲ 焦距：100mm 光圈：F3.5 快门速度：1/640s 感光度：ISO25600

▲ 焦距：100mm 光圈：F3.5 快门速度：1/1250s 感光度：ISO1200

由上面一组画面可以看出，随着感光度的增加，画面的噪点也越来越明显，画质明显下降。

通过拍摄技法解决高感拍摄时噪点多的问题

鉴于感光度越高，画面噪点也越多的问题，在实际拍摄过程中，可以参考以下一些建议：

（1）在光线允许的情况下，尽量使用低感光度，可以保证更高的画质和细节表现力。

（2）在光线不够充足的情况下，如果能够使用三脚架或通过倚靠等方式使相机保持稳定，那么也应该尽可能地使用低感光度，因为在弱光环境下会产生更多的噪点。

（3）在暗光下手持拍摄，应优先考虑使成像清晰，其次考虑高感光度给画质带来的损失。因为画质损失可采取后期方式来弥补，而画面模糊无法补救。

▲ 通过长时间曝光拍摄夜景，为了保证画面质量，使用了ISO100的感光度设置

焦　　距 ▷ 19mm
光　　圈 ▷ F7.1
快门速度 ▷ 16s
感 光 度 ▷ ISO100

使用经验：使用高ISO感光度而产生大量噪点时，可以启用高ISO降噪功能以消除画面中的部分噪点。

焦　　距 ▷ 35mm
光　　圈 ▷ F16
快门速度 ▷ 1/40s
感 光 度 ▷ ISO1000

▶ 此图是使用35mm镜头手持拍摄，并选择1/40s作为安全快门，为了达到这个数值，专门将感光度提高至ISO1000，虽然画面会显现出一些噪点，但总要比拍得虚了要好

利用"高ISO降噪"功能去除噪点

功能简介：作为一款全画幅专业级数码单反相机，Nikon D750在噪点控制方面非常出色。但在使用高感光度拍摄时，画面中仍然会有一定的噪点，此时就可以使用"高ISO降噪"功能对噪点进行不同程度的削减。

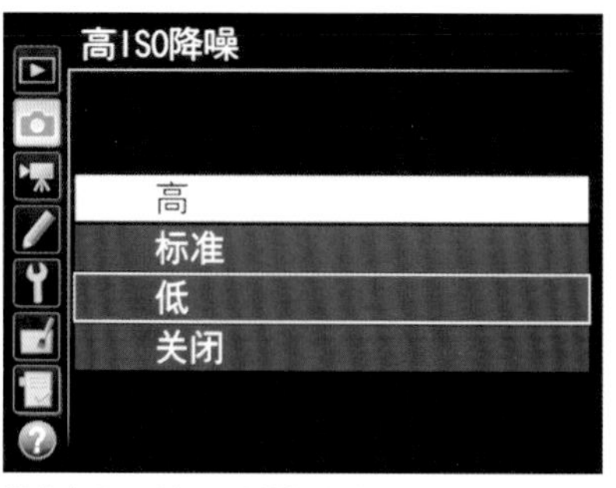

操作步骤：选择照片拍摄菜单中的高 ISO 降噪选项，按▲或▼方向键可选择不同的降噪标准

选项释义

- 高：选择此选项，将以较大的幅度降噪，适用于弱光拍摄情况。
- 标准：选择此选项，将以标准幅度降噪，照片的画质会略受影响，适用于以JPEG 格式保存照片的情况。
- 低：选择此选项，将以较小的幅度降噪，适用于以 JPEG 格式拍摄且对照片不做调整的情况。
- 关闭：选择此选项，仅在使用 ISO1600 或以上的感光度拍摄时才执行降噪，所执行的降噪量少于选择"低"选项时所执行的量。适用于以 RAW 格式保存照片的情况。

使用经验：当将"高ISO降噪"设置为"高"时，会使相机连拍的数量大大减少。

◀ 左图是启用高ISO降噪的局部图，右图是关闭高ISO降噪的局部图，可以看出启用"高ISO降噪功能"后，噪点明显减少

自动感光度

即使在光线相对充足的白天拍摄，也可能会遇到需要提高ISO数值以获得更高快门速度的情况。此时可以利用“自动ISO感光度控制”功能将ISO数值限定在100~500，让相机自动调整感光度数值。这样既能够确保快门速度足以捕捉到要拍摄的运动对象，又免去了不断修改ISO数值的麻烦。而且由于白天的光线相对充足，即便使用ISO500这样的感光度，所拍摄得到的照片画质也仍然比较细腻，不会出现明显噪点。

操作步骤：在**照片拍摄**菜单中选择 ISO **感光度设定**选项，选择**自动 ISO 感光度控制**选项并按▶方向键，按▲或▼方向键可选择**开启**或**关闭**选项

◀ 拍摄常变换场景的婚礼题材时，由于更倾向于照片的清晰度，因此可将最大感光度控制的数值设置得高一些来确保快门速度足够

曝光补偿

曝光补偿的基本概念

所有数码单反相机的曝光参数都来自于自动测光与手动设置曝光参数，而绝大多数摄影爱好者使用的都是相机的自动测光功能，并由此得到一组曝光参数。

但无论使用哪一种自动测光模式进行测光，相机都依赖于内置的固定的自动测光算法，因此当拍摄较亮或较暗的题材时，自动测光系统并不能够给出准确的曝光参数组合，此时就需要摄影师使用曝光补偿功能对此曝光参数组合进行校正，使拍摄得到的照片有更准确的曝光效果。

在实际操作中，曝光补偿以“±n EV”的方式来表示。“+1EV”是指增加1挡曝光（补偿）；“–1EV”是指减少1挡曝光（补偿），以此类推。Nikon D750 的曝光补偿范围为–5.0~+5.0，可以设置以1/3挡为单位进行调整。

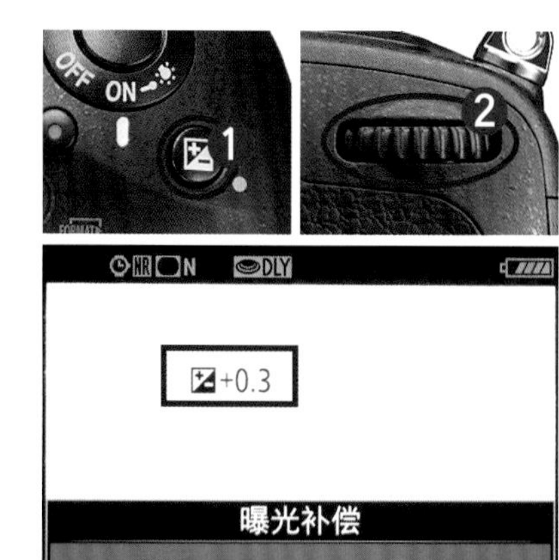

操作步骤：按下☒按钮并转动主指令拨盘即可调整曝光补偿数值

曝光补偿对画面亮度的影响

如前所述，曝光补偿可以在当前相机测定的曝光数值基础上，进行增加亮度或减少亮度的补偿性操作。例如，为了拍摄浓郁、纯粹的剪影，常常就需要降低一挡曝光补偿；而要拍摄出雪白的纱巾，则需要提高一挡曝光补偿。

曝光补偿的实现原理

曝光补偿的本质是改变光圈与快门参数，例如在光圈优先模式下，每增加一挡曝光补偿，快门速度即降低一倍，从而获得增加一挡曝光的结果；反之，每降低一挡曝光补偿，则快门速度提高一倍，从而获得减少一挡曝光的结果。

▲光圈：F3.2　快门速度：1/13s　感光度：ISO100　曝光补偿：–0.7EV

▲光圈：F3.2　快门速度：1/8s　感光度：ISO100　曝光补偿：–0.3EV

▲光圈：F3.2　快门速度：1/6s　感光度：ISO100　曝光补偿：0EV

▲光圈：F3.2　快门速度：1/4s　感光度：ISO100　曝光补偿：+0.3EV

左面展示的一组照片是增加和减少曝光补偿后拍摄的效果，从中可以看出，随着曝光补偿的增加，画面逐渐变亮。

判断曝光补偿方向

判断曝光补偿方向最简单的方法就是依据“白加黑减”这个口诀。其中“白加”中的“白”是泛指一切颜色看上去比较亮、比较浅的景物，如雪、雾、白云、浅色的墙体、亮黄色的衣服等；同理，“黑减”中提到的“黑”是泛指一切颜色看上去比较暗、比较深的景物，如夜景、深蓝色的衣服、阴暗的树林、黑胡桃色的木器等。

拍摄雪景时增加曝光补偿

很多摄影初学者在拍摄雪景时，往往会把雪拍摄成灰色。

解决这个问题的方法是在拍摄时使用曝光补偿功能。在调整曝光补偿时，应当遵循“白加黑减”的原则，视白雪的面积大小增加1挡或2挡曝光补偿。这是由于雪对光线的反射十分强烈，使相机的测光结果出现较大的偏差。因此，如果能在拍摄前增加1挡曝光补偿，对相机经过自动测光得到的曝光参数进行修正，就可以拍摄出色彩洁白的雪景。

焦　　距▷22mm
光　　圈▷F7.1
快门速度▷1/160s
感 光 度▷ISO100

▶ 在拍摄时增加 1 挡曝光补偿，使雪的颜色显得很白

拍摄暗调场景时降低曝光补偿

在拍摄主体位于暗色背景前时，测光结果容易让暗色变成灰色，为了得到纯黑的背景以更好地突出表现主体，可以适当降低曝光量，以此来得到想要的效果。

焦　　距▷85mm
光　　圈▷F3.2
快门速度▷1/200s
感 光 度▷ISO200

▶ 在拍摄时减少了 0.3 挡曝光补偿，从而获得了纯黑色的背景，黄色的花卉在画面中显得特别鲜亮

使用简易曝光补偿功能快速调整曝光补偿值

功能简介：对于经常设置曝光补偿的摄影师来说，每次都要按下曝光补偿按钮再转动主指令或副指令拨盘进行设置是一件比较麻烦的事。通过“简易曝光补偿”菜单可以控制是否需要使用曝光补偿按钮来设定曝光补偿。

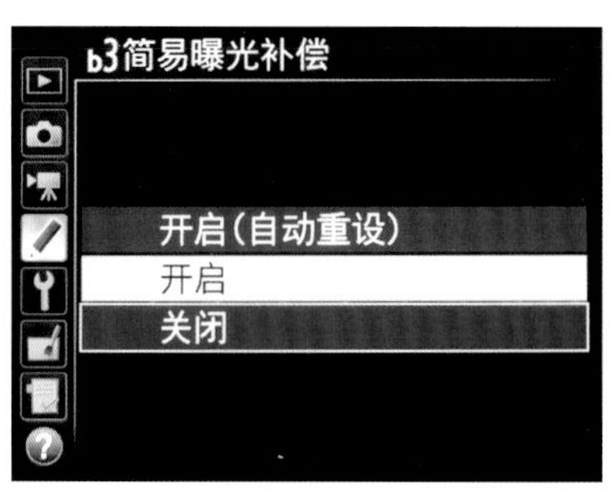

操作步骤：进入**自定义设定**菜单，选择 b **测光/曝光**中的 b3 **简易曝光补偿**选项，按▲或▼方向键选择其中一个选项即可

选项释义

- 开启（自动重设）：选择此选项，在光圈优先模式下，可以旋转主指令拨盘调整曝光补偿；在快门优先和程序自动模式下，可以旋转副指令拨盘调整曝光补偿，并且在相机或测光被关闭后，相机将自动重设曝光补偿值（按下曝光补偿按钮设置的数值不会被重设）。
- 开启：此选项的功能与“开启（自动重设）”选项相同，只是在相机或测光被关闭后，不会自动重设曝光补偿参数。
- 关闭：选择此选项，则曝光补偿可通过按下曝光补偿按钮并旋转主指令拨盘来设定。

焦　　距 ▷ 35mm
光　　圈 ▷ F18
快门速度 ▷ 1/500s
感 光 度 ▷ ISO100

◀ 如果始终在反光较强（如雪地区域）或较弱的环境下拍摄，可以通过设置简易曝光补偿功能实现快速根据反光区域面积大小调整曝光补偿值的目的

曝光/闪光补偿步长值

功能简介：此菜单是专用于设置曝光补偿以及闪光补偿步长值的，此菜单同样是控制参数调整步长值的。不同的是，此菜单是专用于设置曝光补偿以及闪光补偿步长值的。

	快门速度（秒）	光圈值（f/）	包围/曝光补偿
1/3步长	1/50、1/60、1/80、1/100、1/125、1/160、…	2.8、3.2、3.5、4、5.6、…	0.3（1/3EV）、0.7（1/3EV）、1（1EV）
1/2步长	1/45、1/60、/90、1/125、1/180、1/250、…	2.8、3.3、4、4.8、5.6、6.7、8、…	0.5（1/2EV）、1（1EV）

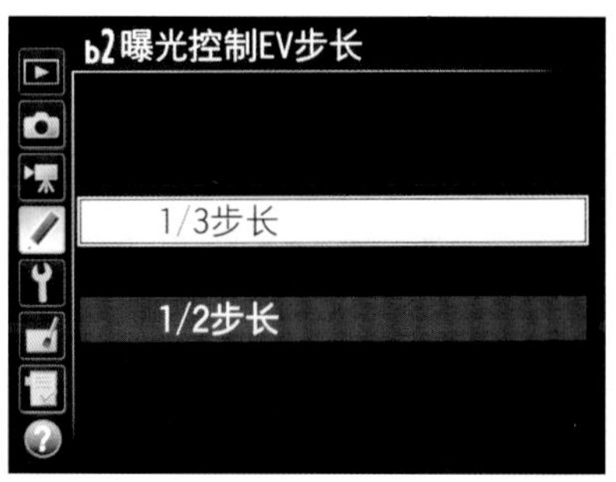

操作步骤：进入**自定义设定**菜单，选择 b **测光/曝光**中的 b2 **曝光控制** EV **步长**选项，按▲或▼方向键可选择 1/3 **步长**或 1/2 **步长**选项

自动包围曝光

自动包围曝光的功用

功能要点：在使用自动包围曝光功能拍摄时，相机将针对同一场景连续拍摄出三张曝光量略有差异的照片，每一张照片曝光量具体相差多少，可由摄影师自己进行控制。在具体拍摄过程中，摄影师无须调整曝光量，相机将根据摄影师预先的设置自动在第一张照片的基础上增加、减少一定的曝光量，拍摄出其他另外两张照片。

对Nikon D750 而言，在设置包围曝光拍摄张数时，可以有多种选择，例如向右旋转主指令拨盘，可以选择3张、5张、7张、9张；如果向左旋转主指令拨盘，可以选择2张或3张。如果设置为-3F时，就可以得到1张曝光正常和2张曝光不足的照片；如果选择+2F，则可以得到1张曝光正常和1张曝光过度的照片。

使用经验：如果是在光线很难把握的拍摄场合，或者拍摄的时间很短暂，为了避免曝光不准确而失去这次难得的拍摄机会时，可以选择包围曝光功能以确保万无一失。将曝光补偿的范围设置得大一些，以拍摄得到不同曝光量的3张照片，然后再从中选择比较满意的一张。

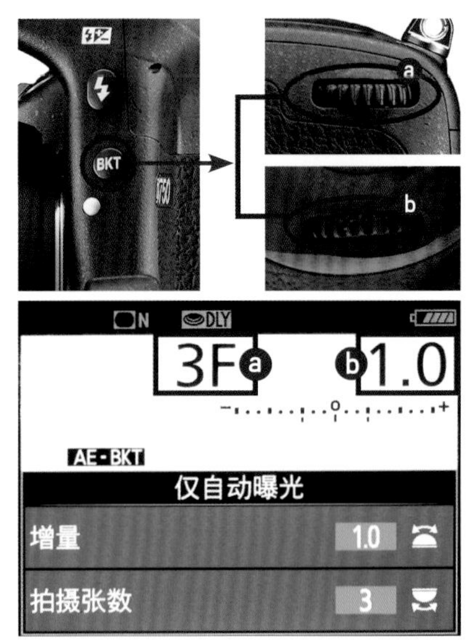

操作步骤：按下 BKT 按钮，转动主指令拨盘可以调整拍摄的张数（a）；转动副指令拨盘可以调整包围曝光的范围（b）。例如，如果将当前的曝光补偿设置为 0，则按上图显示屏所示的参数进行设置后，拍摄时可以分别得到 -1 挡曝光补偿、不进行曝光补偿及 +1 挡曝光补偿的 3 张照片

▲ 在光比较大的环境中，使用自动包围曝光拍摄了三张不同曝光量的画面，可以在后期合成一张受光面和背光面都曝光合适的HDR照片

用自动包围曝光素材合成高动态HDR照片

针对风光、建筑等题材而言，使用包围曝光功能拍摄出的不同曝光的照片，还可以进行后期HDR合成，得到高光、中间调及暗调都充满丰富细节的照片。

在此以下面展示的3张使用自动包围曝光功能拍摄的素材照片为例讲解如何使用Photoshop合成HDR照片。

❶ 启动Photoshop软件，打开要进行HDR合成的3幅照片。

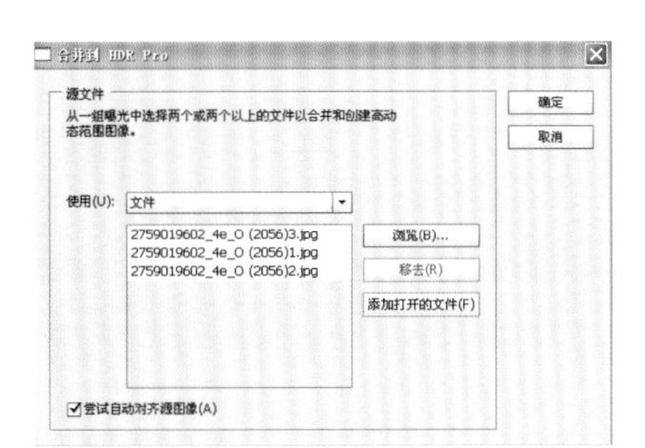

❷ 选择“文件”｜“自动”｜“合并到HDR Pro”命令，在弹出的对话框中单击“添加打开的文件（F)”按钮。

❸ 单击“确定”按钮退出对话框，在弹出的提示框中直接单击“确定”按钮退出，数秒后弹出“手动设置曝光值”对话框，单击向右按钮，使上方的预览图像为“素材3”，然后设置“EV”的数值。

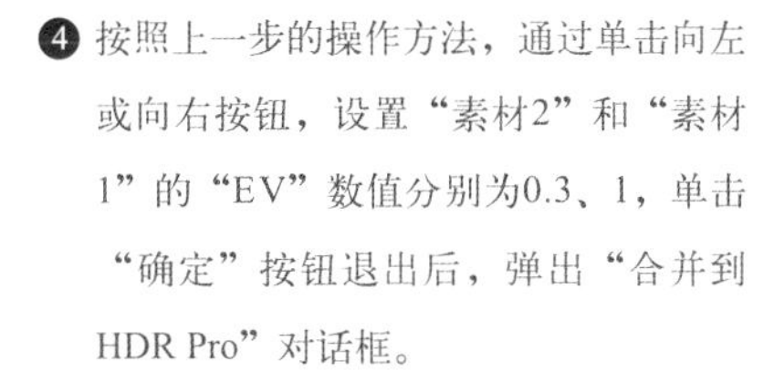

❹ 按照上一步的操作方法，通过单击向左或向右按钮，设置“素材2”和“素材1”的“EV”数值分别为0.3、1，单击“确定”按钮退出后，弹出“合并到HDR Pro”对话框。

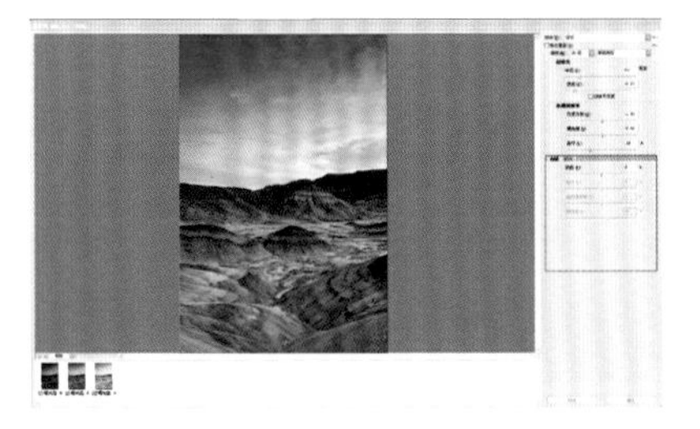

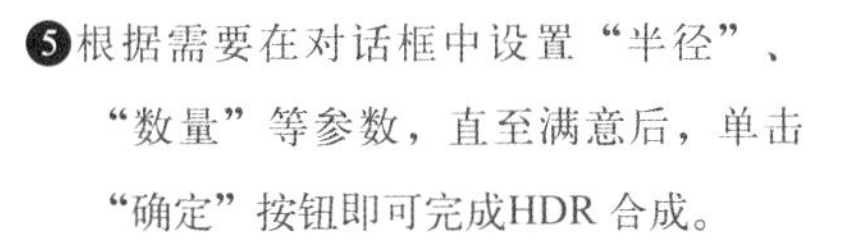

❺ 根据需要在对话框中设置“半径”、“数量”等参数，直至满意后，单击“确定”按钮即可完成HDR 合成。

▲ 通过HDR合成后，得到的高动态、高饱和度的画面效果

测光模式

要想准确曝光，前提是必须做到准确测光，Nikon D750提供了三种测光模式，这三种测光模式的区别仅在于测光面积的大小，因此在学习下面将要讲解到的三种测光模式时，要从这一角度去理解与运用。

3D彩色矩阵测光Ⅲ模式

Nikon D750使用的是有91000个像素的RGB感应器，当摄影师拍摄时若使用3D彩色矩阵测光Ⅲ模式，D750将从覆盖整个画面的91000个像素中收集被拍摄对象的色彩与亮度信息，并对这些信息进行平均加权计算，从而获得最适合于表现当前被拍摄对象的一组曝光参数。

使用经验：只要所拍摄场景的光比不太大，整个场景的明暗区域分布均匀，都可以优先考虑使用这种测光模式。

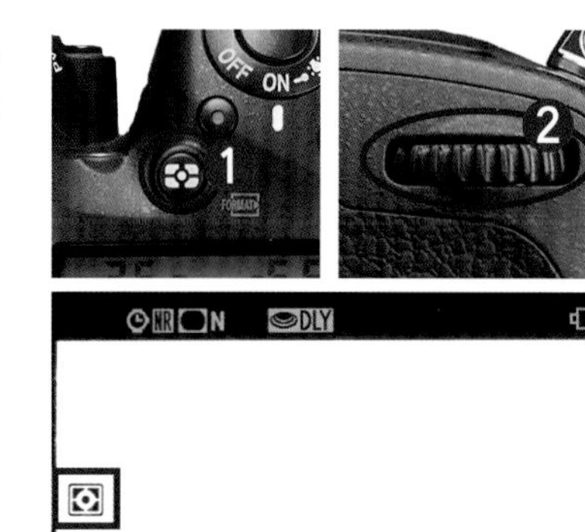

操作步骤：按下按钮并旋转主指令拨盘即可选择所需的测光模式

▲画面中的光线较为均匀，特别适合使用3D彩色矩阵测光模式获得准确的曝光结果

焦　　距▷18mm
光　　圈▷F4
快门速度▷2.5s
感 光 度▷ISO100

中央重点测光模式

中央重点测光模式基本概念

使用此测光模式时，虽然相机对整个画面进行测光，但将约75%的权重分配给位于画面中央直径为12mm的圆形区域（此圆的直径可以更改为8mm、15mm或20mm）。

例如，当Nikon D750在测光后得到曝光组合F8、1/320s，而其他区域正确的曝光组合是F4、1/200s，则由于中央位置对象的测光权重较大，最终相机确定的曝光组合可能会是F5.6、1/320s，以优先照顾中央位置对象的曝光需求。由于测光时能够兼顾其他区域的亮度，因此该模式既能实现画面中央区域的精准曝光，又能保留部分背景的细节。

使用经验：这种测光模式适合拍摄主体位于画面中央主要位置的场景，如人像、建筑、背景较亮的逆光对象以及其他位于画面中央的对象。

焦　　距 ▷ 70mm
光　　圈 ▷ F5
快门速度 ▷ 1/80s
感 光 度 ▷ ISO320

▶ 使用中央重点测光模式，可以依据画面靠中间的黄色花卉作为测光的重点，从而拍摄到曝光较正常的照片

设置中央重点测光模式的测光面积

功能要点：在使用中央重点测光模式时，可以利用此功能改变画面中的测光面积。

功能简介：要修改此数值，可以通过“自定义设定”菜单中的“b5 中央重点区域”选项来设置中央重点测光区域的大小，该测光区域圆的直径可以设定为“8mm”、“12mm”、“15mm”、“20mm”、“全画面平均”。

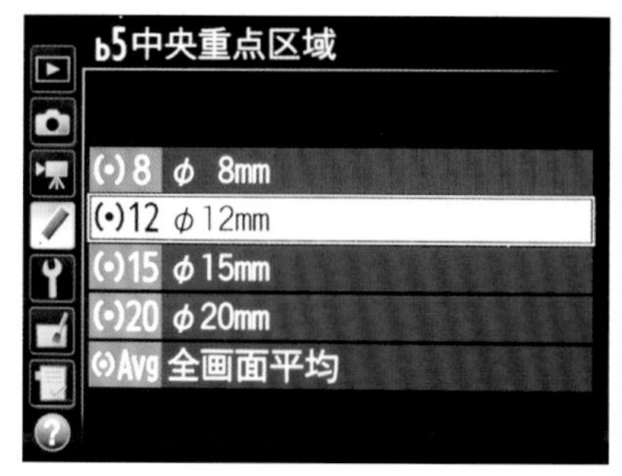

操作步骤：进入**自定义设定**菜单，选择 **b 测光/曝光**中的 **b5 中央重点区域**选项，按▲或▼方向键可选择不同的中央重点测光区域大小

点测光模式

如果拍摄时希望通过画面中某一个较小的区域来确定曝光参数，则可以使用点测光模式。使用这种测光模式时，相机只对画面中央区域的很小部分（也就是光学取景器中央对焦点周围约1.5%的小区域，即直径大约为4mm的圆）进行测光。

通常点测光模式与自动曝光锁按钮一起使用，即先使用点测光模式测定曝光结果，然后按下自动曝光锁按钮将曝光锁定，再重新构图、对焦并拍摄。

使用经验：如果希望得到光比较大的画面，或拍摄出剪影照片，或拍摄出人像面部明暗准确的照片，均可优先考虑使用这种测光模式。在拍摄微距时，也可以采用点测光对昆虫或花蕊等较主体的部分进行测光，从而正确地曝光被拍摄对象的细微局部。

另外，由于点测光模式的测光区域极小，因此必须要谨慎确认哪一个区域是测光区域，如果选择的测光位置有误，则拍摄出来的照片不是过曝就是欠曝。

需要特别强调的一点是，尼康相机与佳能相机在测光点与对焦点联动方面是有区别的。佳能相机（1D系列除外）的测光位置总是在中间，不能够随着对焦点移动。而使用尼康相机的点测光模式时，测光点可以随着对焦点移动，例如，当对焦点处于全部51个对焦点最上方时，则测光点也将会在此处。

▲ 要拍摄到这种明亮的白太阳效果，可以在太阳边缘的位置进行点测光，然后锁定曝光后再重新进行拍摄

焦　距 ▷ 28mm
光　圈 ▷ F10
快门速度 ▷ 1/1000s
感 光 度 ▷ ISO400

亮部重点测光模式

此测光模式下，相机会将最大比重分配给亮部，用于减少亮部细节的损失，适用于G型、E型和D型镜头，使用其他镜头时相当于中央重点测光。此模式适用于拍摄舞台表演，逆光半透明树叶等。

焦　距 ▷ 200mm
光　圈 ▷ F5.6
快门速度 ▷ 1/125s
感 光 度 ▷ ISO800

▶ 拍摄舞台上背景很暗，而演员明亮的画面时，可使用亮部重点测光，以得到曝光合适的画面

微调优化曝光

功能要点：在Nikon D750中，可利用“微调优化曝光”菜单功能，实现针对每一张照片都增加或减少一定的曝光补偿值的操作。

功能简介：该菜单包含“矩阵测光”、“中央重点测光”、“点测光”、“亮部重点测光”4个选项。对于每种测光方式，均可在-1EV至+1EV之间以1/6EV步长值为增量进行微调。

使用经验：在摄影追求个性化的今天，有一些摄影师特别偏爱过曝或欠曝的照片，而利用此功能，则可轻松地实现这一目的。

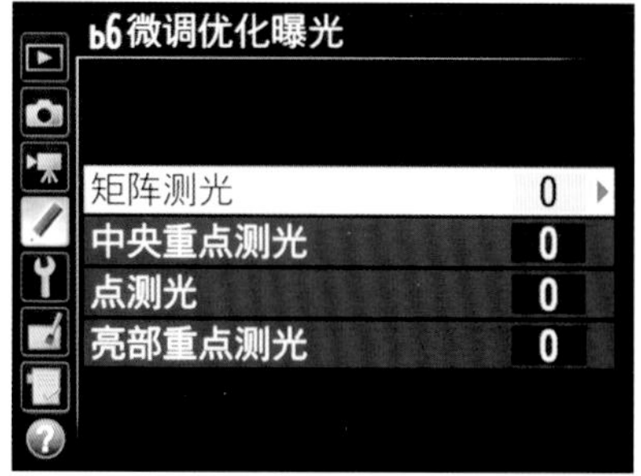

❶进入**自定义设定**菜单，选择 b **测光 / 曝光**中的 b6 **微调优化曝光**选项，在 4 种测光模式中选择一种进行微调

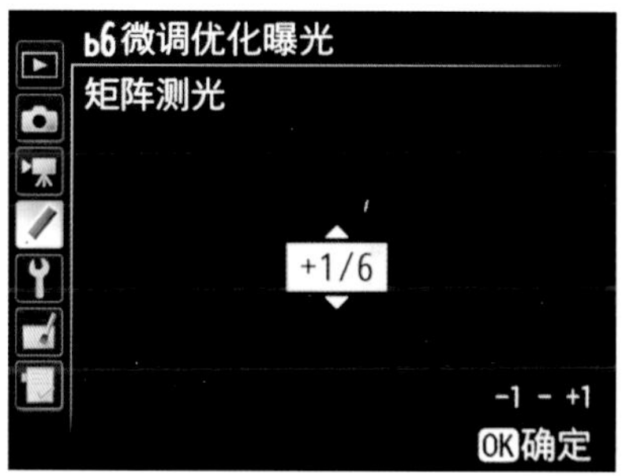

❷按▲或▼方向键可以以 1/6 步长为增量选择曝光补偿数值

◀ 将矩阵测光选项的参数值设置为+1，可以使每一张照片都有一点过曝的效果

一键切换测光模式的技巧

功能简介：如果拍摄时经常需要在几种测光模式间进行切换，可以运用一键切换测光模式的技巧，方法是通过“指定Fn按钮”菜单，将Fn按钮的功能定义为按下后立即切换为所定义的测光模式，从而实现一键将当前使用的测光模式快速切换为另一种测光模式的目的。

使用经验：按同样方法，可以利用“指定预览按钮”的功能，将这个按钮定义为按下后立即切换至其他的测光模式。例如，可以定义按下Fn按钮后立即切换至点测光模式，按下预览按钮后立即切换为3D彩色矩阵测光Ⅲ模式。这样在拍摄时，只需要通过按下Fn按钮、预览按钮，就可以在几种测光模式间来回切换，从而提高拍摄效率。

❶进入**自定义设定**菜单，选择 f **控制**中的 f2 **指定 Fn 按钮**选项，按▲或▼方向键选择**按下**选项

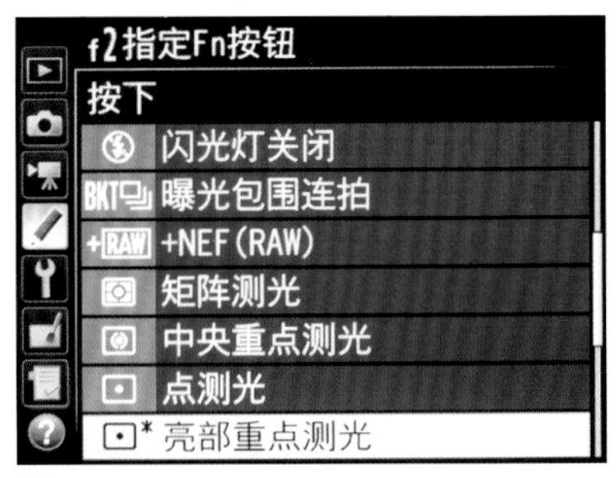

❷按▲或▼方向键为 Fn 按钮指定一种测光模式

焦　　距▷85mm
光　　圈▷F2.8
快门速度▷1/320s
感 光 度▷ISO100

◀ 为了体现整体拍摄环境，使用一键切换测光模式将测光模式切换至矩阵测光模式，使整个画面的亮度平均，背景也得到了较好的表现

焦　　距▷85mm
光　　圈▷F2.8
快门速度▷1/500s
感 光 度▷ISO100

◀为了将背景拍摄成为亮调，使用一键切换测光模式将测光模式切换至点测光模式，并对准人脸的暗部进行测光，使面部曝光正确，但背景不会显示过多细节

利用直方图判断曝光是否正确

功能要点：通过“播放显示选项”菜单，可以设置在回放照片时是否显示直方图，并以此来判断曝光是否正确。需要依靠直方图来判断曝光是否正确的原因在于，相机的显示屏并不能够准确地反映出照片的曝光情况，尤其当拍摄环境的光线较亮或较暗时。

使用经验：在强光下或弱光下拍摄时，如果曝光不准确，很容易形成曝光过度或曝光不足，这在显示屏中很难分辨出来，等到在计算机上发现时，已经错失拍摄机会，此时使用直方图判断最合适不过了。

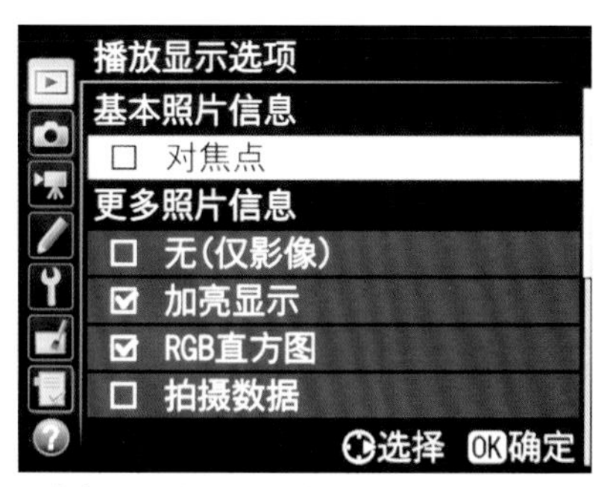

操作步骤：选择播放菜单中的播放显示选项，按下▲或▼方向键加亮显示一个选项，然后按下▶方向键勾选用于照片信息显示的选项，选择完成后按下 OK 按钮确定

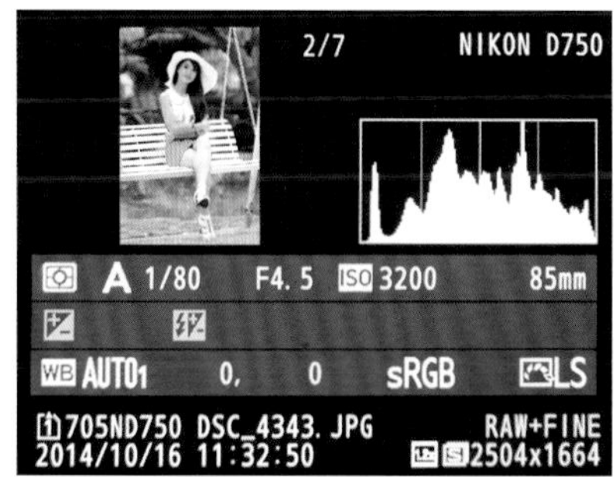

▲ 概览数据

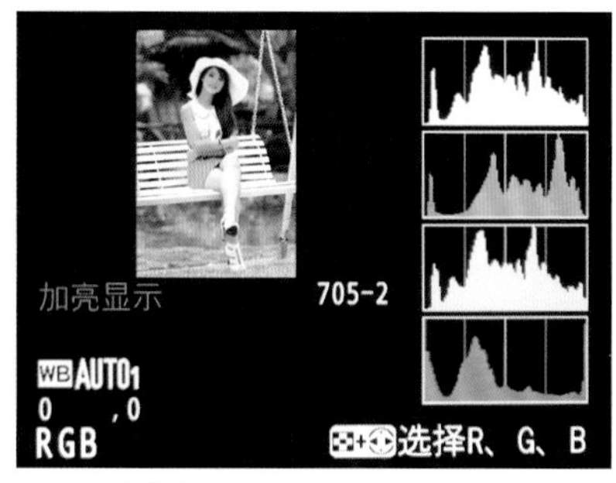

▲ RGB直方图

焦　　距 ▷ 80mm
光　　圈 ▷ F4.5
快门速度 ▷ 1/1600s
感 光 度 ▷ ISO100

◀ 养成观察直方图的习惯有利于及时了解照片的曝光是否合适，直方图不会因为屏幕亮度的变化而影响照片的亮度信息，从而使照片的曝光控制更准确

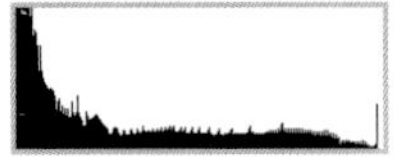

▲ 曝光不足时直方图左侧溢出，代表暗部细节缺失

▲ 曝光正常时直方图处于中间，呈高低不平的山峰状，代表细节非常丰富

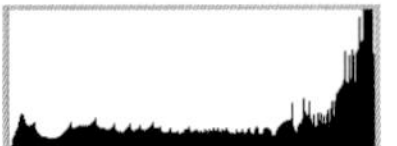

▲ 曝光过度时直方图右侧溢出，代表亮部细节缺失

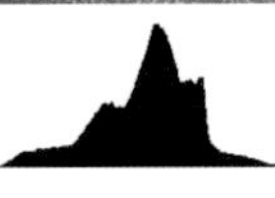

▲ 高调照片在画面中呈现大面积的亮调，但在直方图中查看时，右侧却没有溢出，只是直方图重心偏右并隆起，说明画面曝光没有过度，亮部仍有较多细节

焦　距 ▷ 30mm
光　圈 ▷ F9
快门速度 ▷ 1/400s
感光度 ▷ ISO100

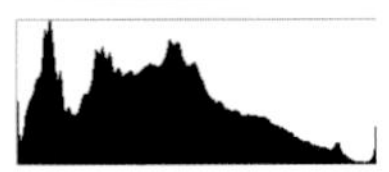

▲ 低调照片在画面中呈现大面积的暗调，但在直方图中查看时，左侧并没有溢出，只是直方图重心偏左并隆起，说明画面曝光没有不足，暗部仍有较多细节

焦　距 ▷ 28mm
光　圈 ▷ F11
快门速度 ▷ 1/60s
感光度 ▷ ISO250

第5章

对焦与驱动模式

拍摄静止对象应该选择的对焦模式

单次伺服自动对焦模式（AF-S）

单次伺服自动对焦在合焦（半按快门时对焦成功）之后即停止自动对焦，此时可以保持半按快门的状态重新调整构图，此自动对焦模式常用于拍摄静止的对象。

这种对焦模式是风光摄影中最常用的对焦模式之一，特别适合于拍摄静止的对象， 例如山峦、树木、湖泊、建筑等。当然，在拍摄人像、动物时，如果被摄对象处于静止状态，也可以使用这种对焦模式。

操作步骤：按下**AF**按钮，然后转动主指令拨盘，可以在三种自动对焦模式间切换

▲ 单次对焦模式在风光这种几乎完全静止的题材中，非常实用

▲ 在拍摄人像时，可以对人物的头部或眼睛进行对焦

设置AF-S模式下快门优先释放方式

功能要点：“AF-S优先选择”菜单是用于控制采用AF-S单次伺服自动对焦模式时，每次按下快门释放按钮时都可拍摄照片，还是仅当相机清晰对焦时才可拍摄照片。

使用经验：无论选择哪个选项，当显示对焦指示（●）时，对焦将在半按快门释放按钮期间被锁定，且对焦将持续锁定直至快门被释放。

选项释义

- **释放：**选择此选项，则无论何时按下快门释放按钮均可拍摄照片。由于在使用 AF-S 对焦模式时相机仅对焦一次，因此如果半按快门对焦后过一段时间再释放快门，则有可能因被摄对象的位置发生变化而导致拍摄出来的照片处于完全脱焦、虚化的状态。
- **对焦：**选择此选项，则仅当显示对焦指示（●）时方可拍摄照片。

操作步骤：进入**自定义设定**菜单，选择 **a 自动对焦**中的 a2 AF-S **优先选择**选项，按▲或▼方向键选择一个选项即可

拍摄运动对象应该选择的对焦模式

连续伺服自动对焦模式（AF-C）

选择此对焦模式后，当摄影师半按快门合焦后，保持快门的半按状态，相机会在对焦点中自动切换以保持对运动对象的准确合焦状态，如果在这个过程中主体位置或状态发生了较大的变化，相机会自动进行调整。在此对焦模式下，当摄影师半按快门释放按钮时，如果被摄对象靠近或离开了相机，则相机将自动启用预测对焦跟踪系统。所以这种对焦模式较适合拍摄运动中的鸟、昆虫、人等对象。

▲ 在室内拍摄玩耍中的猫咪，不仅需要使用高速连拍，还需要使用连续自动对焦模式，以使抓拍到的镜头都能够清晰

设置锁定跟踪对焦

当拍摄运动对象时，经常会遇到被拍摄的对象移动到某一个遮挡物的后面，或者被另外一个运动对象遮挡的情况。针对这种情况，摄影师应该提前设置“锁定跟踪对焦”菜单，以确定是保持此对象仍处于对焦状态，还是让相机脱开焦点，然后重新对焦拍摄。

使用经验：如果被拍摄的对象前方无遮挡，则此选项可设置为“关闭”。但如果被拍摄对象前方有遮挡，如在有行人的街道上或有比赛运动员的体育场中，则需要开启此功能，以保证当其被遮挡后，相机不会马上脱焦，而是继续锁定被拍摄对象进行跟踪对焦。

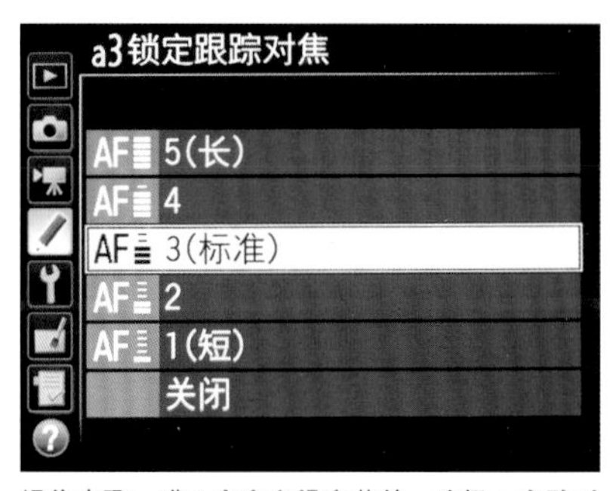

操作步骤：进入**自定义设定菜单**，选择 a **自动对焦**中的 a3 **锁定跟踪对焦**选项，按▲或▼方向键可选择锁定对焦的时间

设置AF-C模式下快门优先释放方式

功能要点：使用“AF-C优先选择”菜单可以控制采用AF-C连续伺服自动对焦模式时，每次按下快门释放按钮时都可拍摄照片，还是仅当相机清晰对焦时才可拍摄照片。

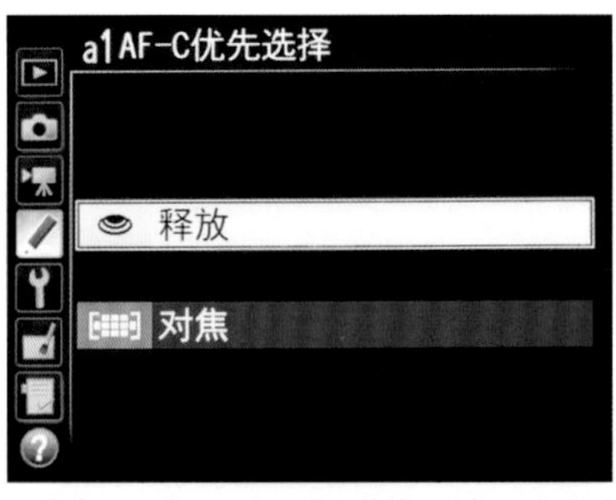

操作步骤：进入**自定义设定**菜单，选择 a **自动对焦**中的 a1 AF-C **优先选择**选项，按▲或▼方向键选择一个选项即可

选项释义

- 释放：选择此选项，则无论何时按下快门释放按钮均可拍摄照片。如果确认“拍到”比“拍好”更重要，例如，在突发事件的现场，或记录不会再出现的重大时刻，可以选择此选项，以确保至少拍到了值得记录的画面，至于是否清晰就靠运气了。
- 对焦：选择此选项，则仅当显示对焦指示（●）时方可拍摄照片。选择此选项拍摄得到的照片是最清晰的，但在相机对焦的过程中，有可能出现被摄对象已经消失或拍摄时机已经丧失的情况。

使用经验：在该模式下，无论选择哪个选项，对焦都不会被锁定，相机将连续调整对焦直至快门被释放。

▲ 在光线不理想的环境中拍摄时，可以将AF-S优先选择设为对焦，这样可确保拍出来的画面是清晰的

利用蜂鸣音提示对焦成功

功能要点：蜂鸣音最常见的作用就是在对焦成功时发出清脆的声音，以便确认是否对焦成功。

除此之外，蜂鸣音在自拍时会用于自拍倒计时提示。

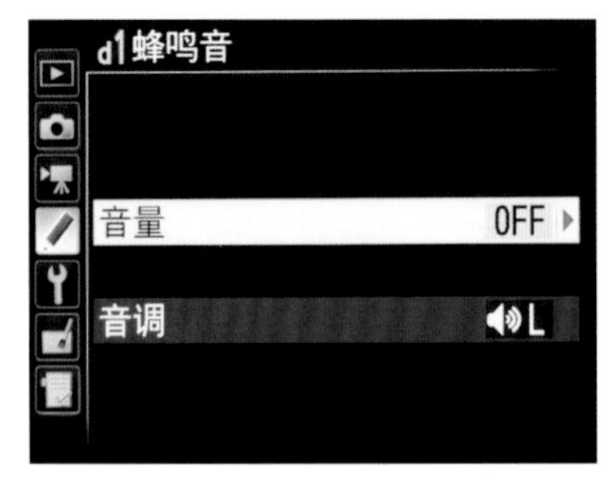

操作步骤：进入**自定义设定**菜单，选择 d **拍摄/显示**中的 d1 **蜂鸣音**选项，按▲或▼方向键选择**音量**或**音调**选项

选项释义

- 音量：选择此选项，可以设置蜂鸣音的音量大小，包含“3”、“2”、“1”和“关闭”4个选项。数值越小，则发出的蜂鸣音也越小。当选择了“关闭”以外的选项时，♪图标将出现在控制面板中。
- 音调：选择此选项，可以设置蜂鸣音的“高”或“低”声调。

使用经验：在拍摄舞台剧、戏剧等需要安静、严肃的场合时，建议将音量关闭，以免打扰观众或演员；而在进行微距摄影或在弱光环境下拍摄而不容易对焦时，开启音量可以辅助确认相机是否成功对焦；在拍摄合影、自拍时，开启蜂鸣音可以使被摄者预知相机在何时按下快门，以做好充分准备。

自动伺服自动对焦模式（AF-A）

自动伺服自动对焦模式适用于无法确定被摄对象是静止或运动状态的情况，此时相机会自动根据被摄对象是否运动来选择单次伺服自动对焦模式（AF-S）还是连续伺服自动对焦模式（AF-C）。

自动伺服自动对焦模式适用于拍摄不能够准确预测动向的被摄对象，如昆虫、鸟、儿童等。

▲ 为了更加准确地表现小男孩的动作和神态，摄影师采用了自动伺服自动对焦模式进行拍摄，因此获得了清晰、生动的画面效果，将孩子最纯真可爱的瞬间记录下来

选择自动对焦区域模式

自动对焦区域模式

Nikon D750提供了51个对焦点，为精确对焦提供了极大的便利。在自动对焦模式下，这些对焦点如何工作，或者说工作模式是怎样的，取决于摄影师定义的自动对焦区域模式。通过选择不同的自动对焦区域模式，可以改变对焦点的数量及对焦方式，以满足不同拍摄题材的需求。

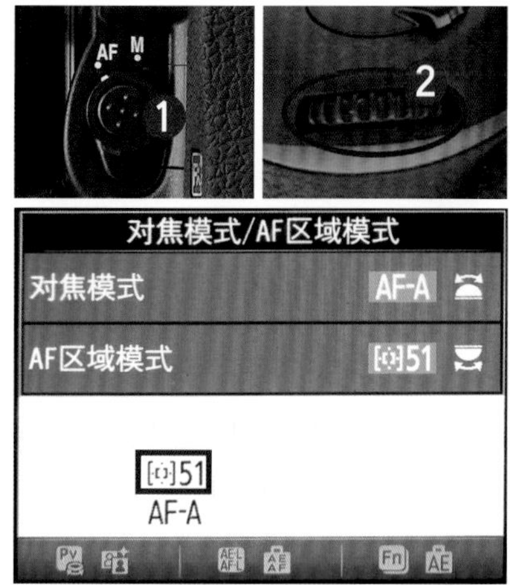

操作步骤：按下**AF**按钮，然后转动副指令拨盘即可切换到不同的自动对焦区域模式

自动对焦区域模式		控制面板	取景器显示	显示屏显示
单点区域自动对焦		S	S	[ ]
动态区域自动对焦	9个对焦点	d 9	d 9	[·] 9
	21个对焦点	d21	d21	[·] 21
	51个对焦点	d51	d51	[·] 51
3D跟踪		3d	3d	[3D]
群组区域自动对焦		GrP	GrP	[⁘]
自动区域AF		AUt	AUto	[▬]

选项释义

- 单点自动对焦：选择此选项，摄影师可以使用多重选择器选择对焦点，拍摄时相机仅对焦于所选对焦点上的拍摄对象，适合于拍摄静止的对象。
- 动态区域自动对焦：选择此选项，在AF-A自动伺服和AF-C连续伺服自动对焦模式下，若拍摄对象暂时偏离所选对焦点，则相机会自动使用周围的对焦点进行对焦。对焦点数量可选择9、21或51。
- 3D跟踪：选择此选项，在AF-A自动伺服和AF-C连续伺服自动对焦模式下，相机将跟踪偏离所选对焦点的拍摄对象，并根据需要选择新的对焦点。此自动对焦区域模式用于对从一端到另一端进行不规则运动的拍摄对象（例如网球选手）进行迅速构图。若拍摄对象偏离取景器，可松开快门释放按钮，并将拍摄对象置于所选对焦点重新构图。
- 群组区域AF：选择此选项，在此对焦模式下，由摄影师选择1个对焦点，然后在所选对焦点的上、下、左、右方向各分布1个对焦点，通过这组5个对焦点捕捉拍摄对象。适用于使用单个对焦点难以对焦的拍摄题材。
- 自动区域自动对焦：选择此选项，照相机自动侦测拍摄对象并选择对焦点。如果选择的是G型或D型镜头，相机可以从背景中区分出人物，从而提高侦测拍摄对象的精确度。当前对焦点在相机对焦后会短暂加亮显示；在AF-C连续伺服自动对焦模式或AF-A自动伺服下，其他对焦点关闭后主要对焦点将保持加亮显示。

深入理解动态区域AF

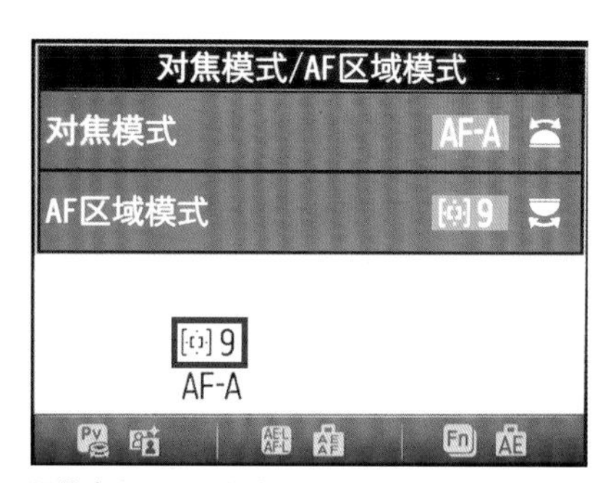

操作步骤：设置自动对焦区域模式为动态区域自动对焦，并选择9个对焦点时的显示状态（红框内）

如前所述，当摄影师在连续伺服自动对焦模式中选择了动态区域AF（[⋅:⋅]）时，若被摄对象偏离所选对焦点，相机将根据来自周围对焦点的信息进行对焦。根据被摄对象的移动情况，可从9、21和51中选择对焦点的数量。

选项释义

- 9 个对焦点：若拍摄对象偏离所选对焦点，相机将根据来自周围 8 个对焦点的信息进行对焦。当有时间进行构图或拍摄正在进行可预测运动趋势的对象（如跑道上赛跑的运动员或赛车）时，可以选择该选项。
- 21 个对焦点：若拍摄对象偏离所选对焦点，相机将根据来自周围 20 个对焦点的信息进行对焦。当拍摄正在进行不可预测运动趋势的对象（如足球场上的运动员）时，可以选择该选项。
- 51 个对焦点：若拍摄对象偏离所选对焦点，相机将根据来自周围 50 个对焦点的信息进行对焦。当拍摄对象运动迅速，不易在取景器中构图时（如小鸟），可以选择该选项。

使用动态区域AF模式对焦时，虽然在取景器中看到的对焦点状态与单点自动对焦模式下的状态相同，但实际上根据选择选项的不同，在当前对焦点的周围会隐藏着用于辅助对焦的多个对焦点。

例如在选择9个对焦点的情况下，在当前对焦点的周围会有8个用于辅助对焦的对焦点，在显示屏中可以看到这些辅助对焦点。

使用经验：有些摄影爱好者对Nikon D750在动态区域AF模式下提供三种不同数量对焦点选项感到迷惑，认为只需要提供对焦点数量最多的一个选项即可，实际上这是个错误的认识。

不同数量的对焦点，将影响相机的对焦时间与精度，因为在此模式下，使用的对焦点越多，相机就越需要花费时间利用对焦点对被摄对象进行跟踪，因此对焦效率就越低，同时，由于对焦点数量增加，其覆盖的被摄区域就变大，则对焦时就有可能受到其他障碍对象的影响，导致对焦精度下降。

焦　　距 ▷ 270mm
光　　圈 ▷ F6.3
快门速度 ▷ 1/1250s
感 光 度 ▷ ISO200

▶ 在拍摄鸟类题材时，可以选择51个对焦点，以便迅速对焦

控制对焦点工作状态

手选对焦点

在某些情况下会出现自动对焦无法准确对焦的现象，这时可使用手动对焦功能进行更精准地对焦。在单点自动对焦、动态区域自动对焦以及3D 跟踪区域模式下，都可以按下机身上的多重选择器调整对焦点的位置。

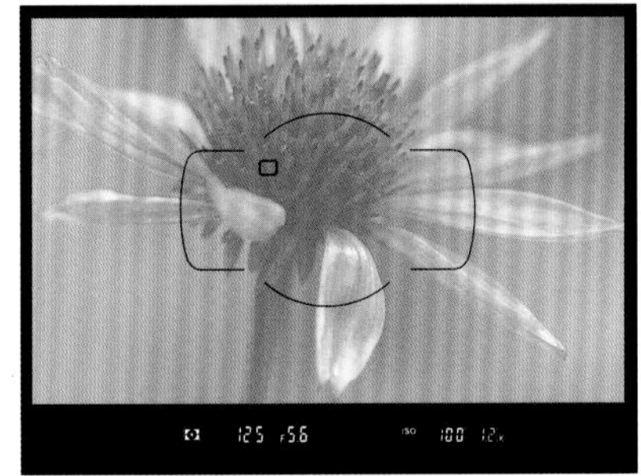

操作步骤：旋转对焦选择器锁定开关至 ● 位置，使用多重选择器即可调整对焦点的位置。选择对焦点后，可以将对焦选择器锁定开关旋转至 L 位置，则可以锁定对焦点，以避免由于手指碰到多重选择器而误改变对焦点的位置

▲ 使用所有对焦点中的一个对人物的眼睛进行对焦，从而在不需要改变构图的情况下，就可以直接进行对焦、拍摄，尽可能避免重新构图时出现的失焦问题

◀ 对人物的眼睛进行对焦，拍摄得到清晰的画面效果

设置对焦点循环方式

功能要点：当使用多重选择器手动选择对焦点时，可以通过“对焦点循环方式”菜单控制对焦点循环的方式，即当前对焦点是最边缘的一个对焦点时，再次按多重选择器的方向键，对焦点将如何变化。

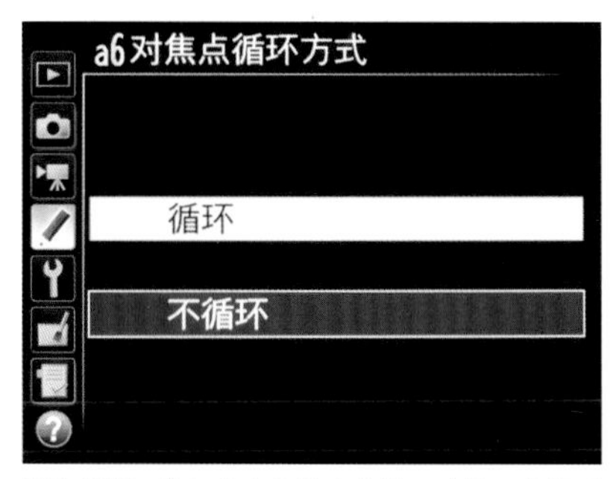

操作步骤：进入**自定义设定**菜单，选择 a **自动对焦**中的 a6 **对焦点循环方式**选项，按▲或▼方向键可选择是否允许对焦点循环

选项释义

- 循环：选择此选项，则选择对焦点时可以从上到下、从下到上、从左到右以及从右到左进行循环。例如取景器显示右边缘处的对焦点被加亮显示时（①），按▶方向键可选择取景器显示的左边缘处相应的对焦点（②）。

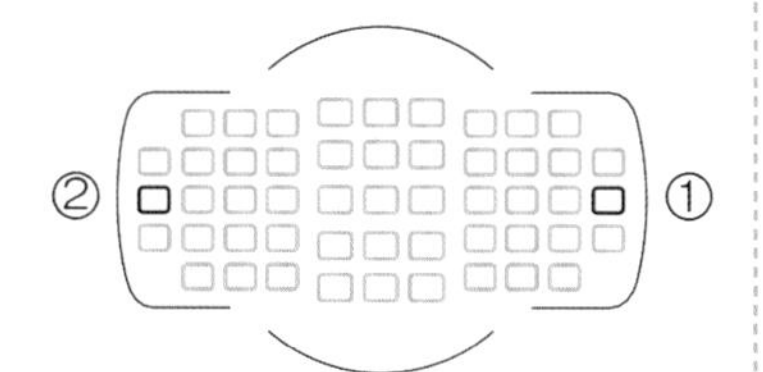

- 不循环：选择此选项，当对焦点位于取景器中最外部的对焦点上时，再次按下▶方向键，对焦点也不再循环。例如，在选定最右侧的一个对焦点（①）时，即使按下▶方向键，对焦点也不会再移动。

设置对焦点数量

功能要点：虽然Nikon D750提供了多达51个对焦点，但并非拍摄所有题材时都需要使用这么多的对焦点，我们可以根据实际拍摄需要选择自动对焦点数量。

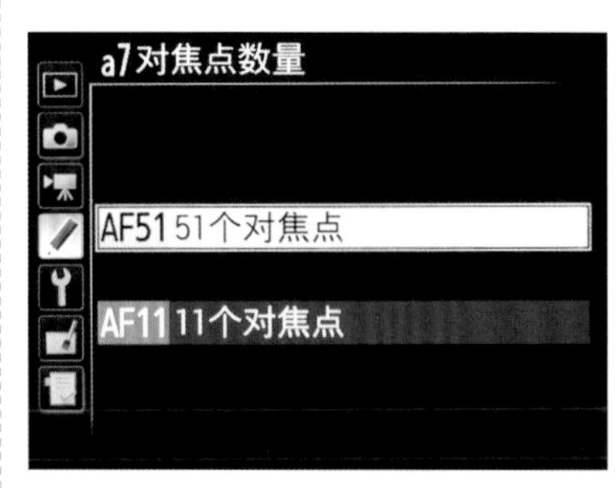

操作步骤：进入**自定义设定**菜单，选择 a **自动对焦**中的 a7 **对焦点数量**选项，按▲或▼方向键可设置**对焦点数量为 51 或 11 个**

使用经验：在拍摄人像时，使用11个对焦点就已经完全可以满足拍摄需求了，同时也可以避免由于对焦点过多而导致手动选择对焦点时过于复杂的问题。

▼ 拍摄画面中仅一个主体的题材时，选择11个对焦点即可

选项释义

- 51 个对焦点：选择此选项，则从 51 个对焦点中进行选择，适用于需要精确捕捉被摄对象的情况。
- 11 个对焦点：选择此选项，则从 11 个对焦点中进行选择，常用于快速选择对焦点。

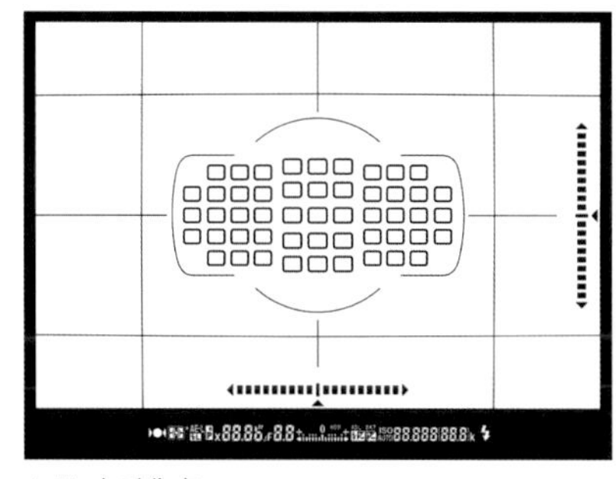

▲ 51 个对焦点

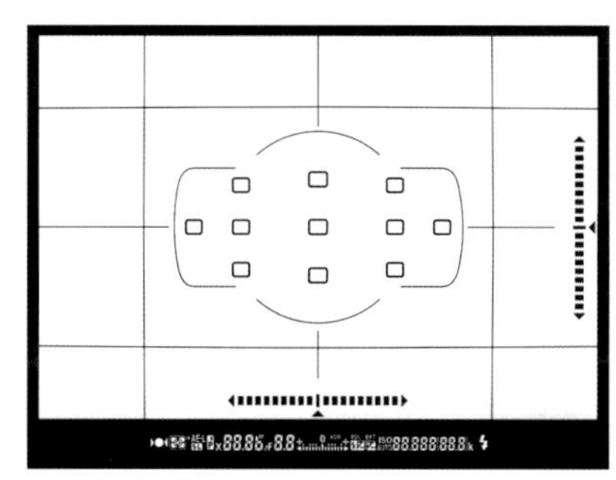

▲ 11 个对焦点

拍摄难以自动对焦的对象

在实际拍摄过程中，相机的自动对焦系统并不会100%成功，例如，拍摄时遇到以下情况，则自动对焦系统往往无法正确完成对焦操作，有时甚至无法对焦。

（1）画面主体处于杂乱的环境中，例如杂草后面的花朵。

（2）画面属于高对比、低反差的画面，例如日出、日落。

（3）弱光环境，例如野外夜晚。

（4）距离太近的题材，例如昆虫、花卉等。

（5）主体被覆盖，例如动物园笼子中的动物、鸟笼中的鸟等。

（6）对比度很低的景物，例如纯的蓝天、墙壁。

（7）距离较近且相似程度又很高的题材，如细密的格子纸。

当遇到相机的自动对焦系统失效时，应该使用相机的手动对焦系统进行对焦。

操作步骤：转动对焦模式选择器至M位置即可选择手动对焦模式

▲ 在微距摄影中，由于需要很高的对焦精度，此时手动对焦才是更好的选择

焦　　距 ▷ 105mm
光　　圈 ▷ F6.3
快门速度 ▷ 1/125s
感 光 度 ▷ ISO400

针对不同题材选择不同快门释放模式

针对不同的拍摄任务，需要将快门设置为不同的释放模式。例如，要抓拍高速运动的物体，为了保证成功率，可以将相机设置为按下一次快门后，能够连续拍摄多张照片。

Nikon D750提供了7种快门释放模式，分别是单张拍摄S、低速连拍CL、高速连拍CH、安静快门释放Q、安静连拍快门释放Qc、自拍以及反光板弹起MUP，下面分别讲解它们的使用方法。

操作步骤： 按下释放模式拨盘锁定解除按钮，并转动释放模式拨盘，即可在不同的快门释放模式之间切换

单拍模式（S）

在此模式下，每次按下快门时，都只拍摄一张照片。单拍模式适用于拍摄静态对象，如风光、建筑、静物等题材。

▲ 使用单拍模式可拍摄各种静止的题材

连拍模式（CL、CH）及其参数控制

在连拍模式下，每次按下快门时将连续拍摄多张照片。

Nikon D750有两种连拍模式。高速连拍模式（CH）最高连拍速度能够达到约6.5张/秒；低速连拍模式（CL）的最高连拍速度能达到约1~6张/秒。

连拍模式适用于拍摄运动的对象，当将被摄对象的连续动作全部抓拍下来以后，可以从中挑选满意的画面。

▲ 鹰捕鱼从接近水面到将鱼抓住只有短短的一秒钟时间，所以拍摄时使用了高速连拍模式，将鹰捉鱼的一连串瞬间动作记录下来

设置低速拍摄速度

功能要点：Nikon D750提供了低速连拍模式，如果要设置此模式下每秒拍摄的照片张数，可以在“CL模式拍摄速度”菜单中进行选择，有1~6fps共6个选项供选择，即每秒分别拍摄1~6张照片。

操作步骤：进入**自定义设定**菜单，选择 d **拍摄 / 显示**中的 d2 **低速拍摄速度**选项，按▲或▼方向键可选择不同的数值

设置最多连拍张数

功能要点：虽然可以使用高速或低速连拍模式一次性拍摄多张照片，但由于内存缓冲区是有限的，因此最多连拍张数实际上也是有上限的。

利用“最多连拍张数”菜单设置一次最多连拍的张数。在连拍模式下，可将一次最多能够连拍的照片张数设为1~100的任一数值。

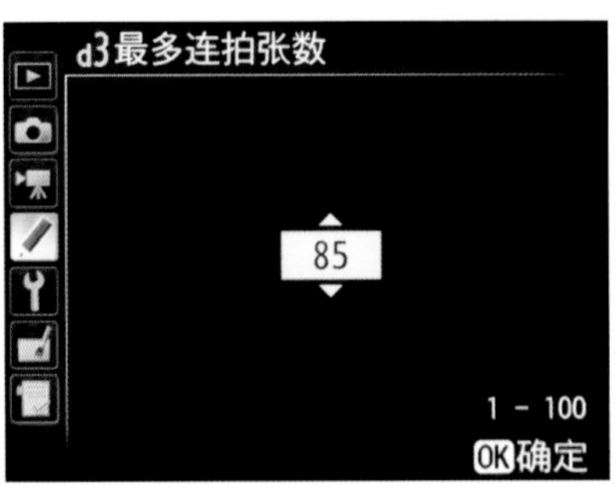

操作步骤：进入**自定义设定**菜单，选择 d **拍摄 / 显示**中的 d3 **最多连拍张数**选项，按▲或▼方向键可选择不同的数值

▲ 红色圆圈中是存取指示灯

▲ 黑色线框标出了当前可保存的连续拍摄照片数量

安静快门释放（Q、Qc）

在安静快门模式下，相机将关闭蜂鸣音并最小化反光板降回原位时发出的声音，以减小相机在拍摄时发出的声响。

Nikon D750有两种连拍模式。安静快门释放模式（Q），按下快门释放按钮时反光板不会发出“咔嗒”声，除此之外，其他都与使用单张拍摄模式时相同；安静连拍快门释放模式（Qc）以约3 幅/秒连拍速度进行连拍，相机噪音会降低。

使用经验：在拍摄舞台剧、戏剧等需要安静、严肃的场合时，建议开启此功能，以避免打扰观众或演员。

▲ 在剧场内拍摄时一定要使用安静快门释放模式，最大程度降低拍摄所发出的声音，以避免干扰演员、破坏演出气氛

焦　　距 ▷ 60mm
光　　圈 ▷ F5
快门速度 ▷ 1/250s
感 光 度 ▷ ISO500

自拍模式（⏲）及其参数控制

设置自拍模式

在“自定义设定”菜单中可以修改“自拍延迟”参数，从而获得2s、5s、10s和20s的自拍延迟时间。

值得一提的是，所谓的“自拍”快门释放模式并非只能用于给自己拍照。例如，在需要使用较低的快门速度拍摄时，可以将相机置于一个稳定的位置，然后设置自拍快门释放模式的方式，并进行构图、对焦等操作，这样避免手按快门导致相机产生震动，进而拍出满意的照片。

焦　　距 ▷ 85mm
光　　圈 ▷ F13
快门速度 ▷ 2s
感 光 度 ▷ ISO100

▶ 这幅照片就是将相机置于岸边的石头上，并确保相机稳定后，使用自拍模式以2s的快门速度拍摄，得到线条效果的溪流画面

设置自拍控制选项

功能简介：Nikon D750提供了较为丰富的自拍控制选项，可以设置拍摄时的延迟时间、拍摄张数、拍摄间隔。

在进行自拍时，可以指定从按下快门按钮起（准备拍摄）至开始曝光（开始拍摄）的延迟时间，其中包括了“2s”、“5s”、“10s”和“20s”4个选项。利用自拍延时功能，可以为拍摄对象留出足够的时间，以便摆出想要拍摄的造型等。

使用经验：将“拍摄张数”设置为5张，“拍摄间隔”设置为3s，这样可以一下自拍5张照片，由于每两张照片之间有3s的间隔时间，足以摆出不同的姿势。

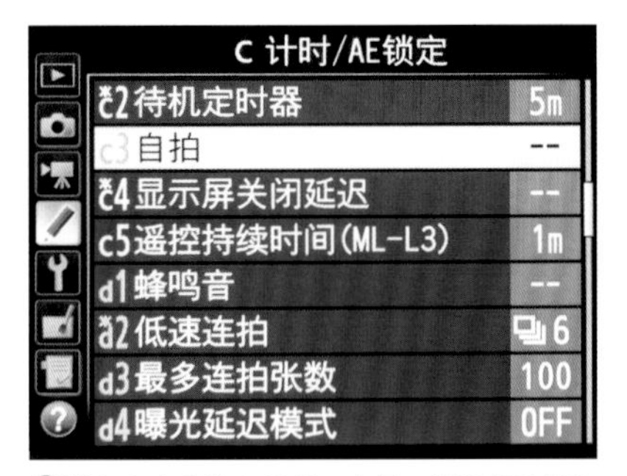

❶进入**自定义设定**菜单，选择 c **计时**/AE **锁定**中的 C3 **自拍**选项

❷按▲或▼方向键选择**自拍延迟**选项，然后按下▶方向键

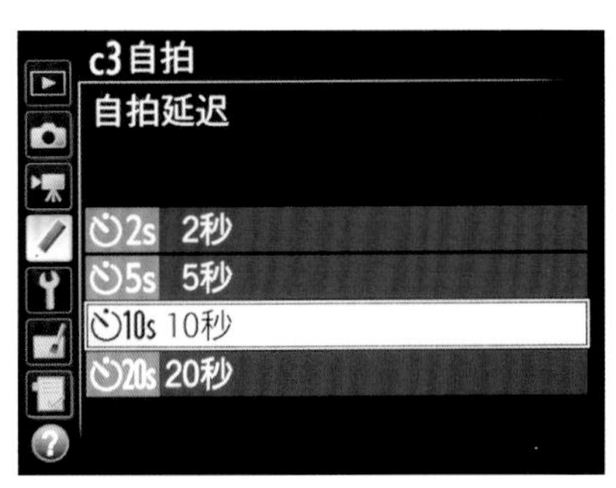

❸按▲或▼方向键选择自拍延迟的时间，按下OK 按钮确认

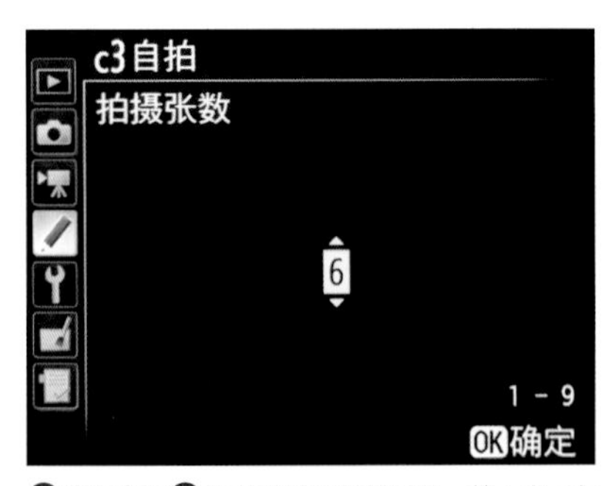

❹若在步骤❷中选择**拍摄张数**选项，按▲或▼方向键可选择需要拍摄的照片张数，按下 OK 按钮确认

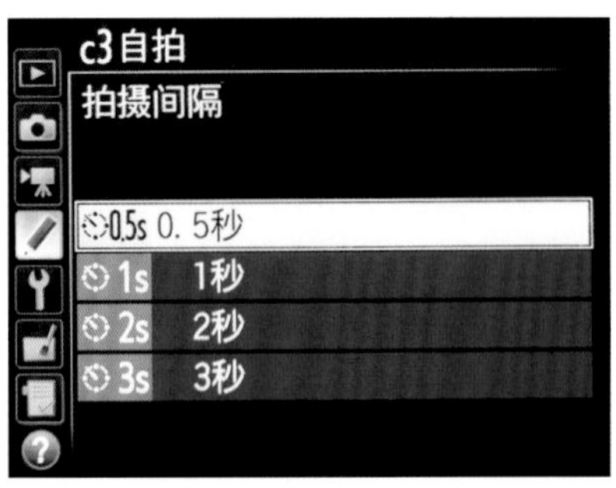

❺若在步骤❷中选择**拍摄间隔**选项，按▲或▼方向键可选择拍摄间隔的时间长度，按下 OK 按钮确认

焦　　距 ▷ 70mm
光　　圈 ▷ F4.5
快门速度 ▷ 1/320s
感 光 度 ▷ ISO100

◀ 利用“自拍延时”功能，摄影师可以较从容地跑到合影位置并摆好POSE，等待相机完成拍摄

反光板弹起模式（MUP）

反光板是一片表面镀有银色反光物质的玻璃，作用是将通过镜头的光线反射到五棱镜中，再通过五棱镜反射到光学取景器中，从而使摄影师能够通过目镜进行取景拍摄。

由于相机的感光元件位于反光板的后面，因此在按下快门的瞬间，反光板会迅速升起，使光线直接到达感光元件上进行曝光。完成曝光后反光板会自动归位。

实践证明，反光板升起的动作会给相机带来轻微的振动。当使用低速快门拍摄，或使用长焦镜头、微距镜头拍摄时，这种轻微的振动会使影像发生一定程度的模糊，而要避免这个轻微振动对画面造成的影响，则应该使用“反光板弹起”功能。

使用此模式拍摄时，第一次按下快门时反光板会升起，当第二次按下快门时才可拍摄照片，拍摄后反光板则回到原处。

在反光板升起30s后，若没有进行任何操作，则反光板将自动落回原位。再次完全按下快门按钮时，反光板会重新升起。

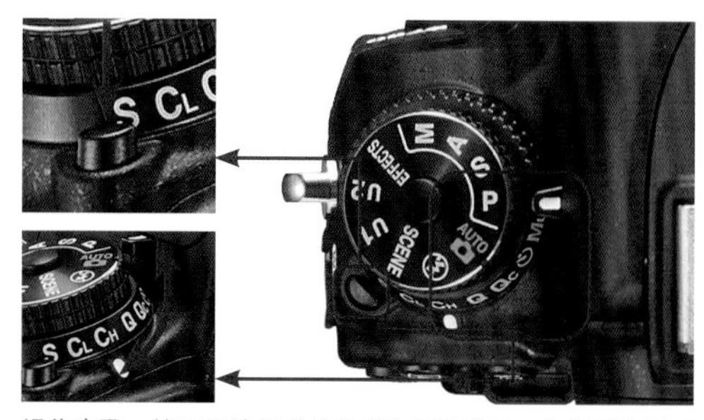

操作步骤：按下释放模式拨盘锁定解除按钮，并将释放模式拨盘转动至**MUP**位置，即可启用“反光板弹起”模式

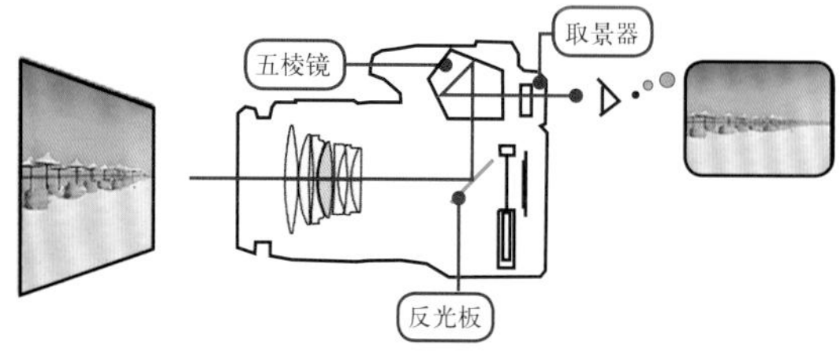

▲ 取景时反光板处于下垂状态

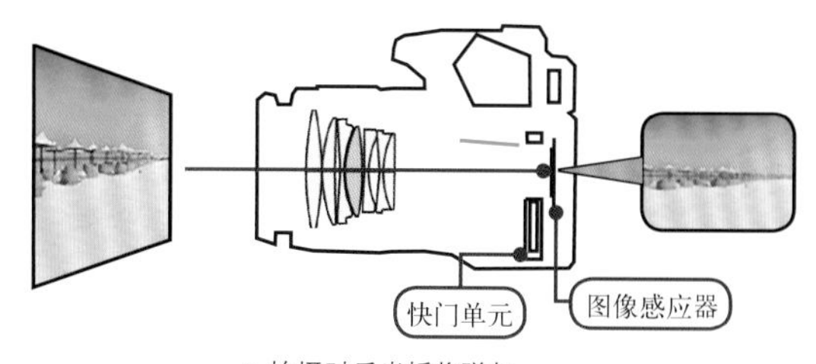

▲ 拍摄时反光板将弹起

焦　　距 ▷ 105mm
光　　圈 ▷ F3.5
快门速度 ▷ 1/125s
感 光 度 ▷ ISO100

◀ 在拍摄对细节要求非常高的微距照片时，使用反光板弹起模式能够降低照片模糊的概率

第6章

「即时取景与视频拍摄」

即时取景拍摄功能的用途

利用即时取景功能进行拍摄，有以下四大优点：

（1）能够使用更大的屏幕进行观察：即时取景显示拍摄能够直接将显示屏作为取景器使用，由于显示屏的尺寸比光学取景器要大很多，所以能够显示视野率100%的清晰图像，从而更加方便地观察被摄景物的细节。拍摄时摄影师不用再将眼睛紧贴着相机，构图也变得更加方便。

（2）易于精确合焦以保证照片更清晰：由于即时取景显示拍摄可以将对焦点位置的图像放大，所以拍摄者在拍摄前就可以确定照片的对焦点是否准确，从而保证拍出的照片是清晰的。

（3）具有即时面部优先拍摄的功能：即时取景显示拍摄具有即时面部优先模式的功能，当使用此模式拍摄时，相机能够自动检测画面中人物的面部，并且对人物的面部进行对焦。对焦时会显示对焦框，如果画面中的人物不止一个，就会出现多个对焦框，可以在这些对焦框中任意选择希望合焦的面部。

（4）能够对拍摄的图像进行曝光模拟：使用即时取景显示模式拍摄时，不但可以通过显示屏查看被摄景物，而且还能够在显示屏上反映出不同参数设置带来的明暗和色彩变化。例如，可以通过设置不同的白平衡模式并观察画面色彩的变化，以从中选择最合适的白平衡模式选项。

即时取景显示拍摄相关参数查看与设置

如前所述，使用即时取景显示模式拍摄有诸多优点，下面详细讲解在即时取景状态下相关参数的查看与设置方法。

操作步骤：在确认打开相机的情况下，将即时取景选择器转至即时取景拍摄图标📷位置，然后按下 LV 按钮即可

即时取景显示拍摄相关信息

在即时取景状态下，按下info按钮，将在屏幕上显示可以设置或查看的即时取景显示拍摄参数。

设置即时取景状态下的自动对焦模式

Nikon D750在即时取景状态下提供了两种自动对焦模式，即AF-S单次伺服自动对焦模式和AF-F全时伺服自动对焦模式，分别用于静态或动态对象的实时拍摄。

对焦模式	功 能
AF-S 单次伺服自动对焦	此模式适用于拍摄静态对象，半按快门释放按钮即可锁定对焦
AF-F 全时伺服自动对焦	此模式适用于拍摄动态的对象，或相机在不断地移动、变换取景位置等情况，此时相机将连续进行自动对焦。半按快门按钮可以锁定当前的对焦位置

操作步骤： 将对焦模式选择器旋转至 AF 位置，按下 AF 模式按钮并转动主指令拨盘即可在两种自动对焦模式之间切换

选择即时取景状态下的AF区域模式

在即时取景状态下可选择以下4种AF 区域模式。无论使用哪种区域模式，都可以使用多重选择器移动对焦点的位置。

AF区域模式	功 能
脸部优先	相机自动侦测并对焦于面向相机的人物脸部，适用于人像拍摄。实测结果表明，该模式在对焦速度及成功率方面的性能还是非常高的
宽区域	适用于以手持方式拍摄风景和其他非人物对象
标准区域	此时的对焦点较小，适用于需要精确对焦画面中所选点的情况。使用该模式时推荐搭配使用三脚架
对象跟踪	可跟踪画面中移动的拍摄对象，将对焦点置于拍摄对象上并按下OK按钮即可开始跟踪，对焦点将跟踪画面中移动的所选拍摄对象。要结束跟踪，再次按下OK按钮即可

操作步骤： 将对焦模式选择器旋转至 AF 位置，按下 AF 模式按钮并转动副指令拨盘即可在各种对焦区域模式间切换

调整显示屏亮度

Nikon D750在即时取景状态下可以调整显示屏的亮度，以便于进行取景和拍摄。

但要注意的是，此处调整的仅是显示屏的亮度，而非照片的曝光，在拍摄时要特别注意二者的区别，以免在曝光方面出现问题。

操作步骤： 按下i按钮，然后按下▲或▼方向键选择显示屏亮度选项，按下▶方向键后，按下▲或▼方向键调整显示屏的亮度，按下 OK 按钮保存

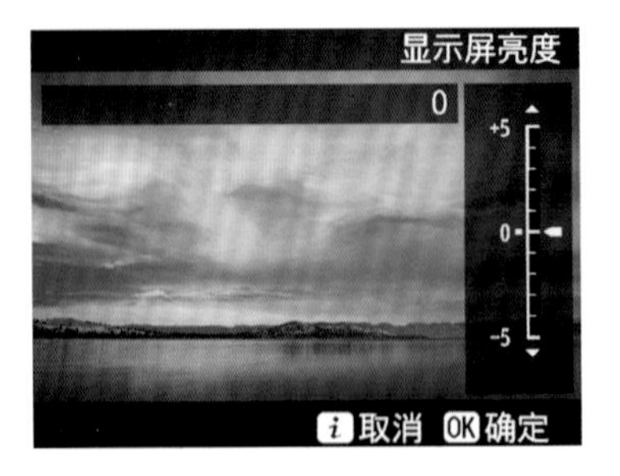

视频短片的拍摄流程与注意事项

使用数码单反相机拍摄短片的操作比较简单，下面列出的是一个短片拍摄的基本流程。

❶ 在相机背面的右下方将即时取景选择器旋转至动画即时取景位置。

❷ 按下Lv按钮，反光板将弹起，镜头视野将出现在相机显示屏中，且已修改了曝光效果。此时，取景器中将无法看见拍摄对象。

❸ 在拍摄动画前，可以通过自动对焦或手动对焦的方式先对主体进行对焦，并选择AF区域模式。

❹ 按下动画录制按钮，开始录制动画。

❺ 录制完成后，再次按下动画录制按钮即可结束录制。

▲ 将即时取景选择器旋转至动画即时取景位置

▶ 录制动画时，会在画面的左上角显示一个红色的圆点及REC标志

▲ 按下动画录制按钮开始录制动画

拍摄短片的注意事项列举如下表。

项　目	说　明
记录格式	MOV格式，需要使用QuickTime或暴风影音等软件进行播放
最长短片拍摄时间	29分59秒。一次录制时间超过此限制时，拍摄将自动停止
单个文件大小	最大不能超过4GB。如果单个文件大小超过了4GB，相机会自动创建新的短片文件并继续进行拍摄
对焦	在拍摄短片时，按下AF-ON按钮可自动对焦，但这样可能会导致脱焦，再次对焦时也会很麻烦，同时还可能引起曝光的变化
变焦	不推荐在短片拍摄期间进行镜头变焦。不管镜头的最大光圈是否发生变化，变焦操作都可能导致曝光的变化并被记录下来
优化校准	相机将根据不同的优化校准设置拍出不同风格的照片
不要对着太阳拍摄	可能会导致感光元件的损坏
噪点	在低光照时可能会产生噪点
长时间拍摄	机内温度会显著升高，图像质量也会有所下降
选择制式	如果要在电视上回放短片，中国用户应选择PAL制式进行录制
灯光	如果在荧光灯或LED照明下拍摄短片，画面可能会闪烁
画质	如果安装的镜头具有防抖功能，即使不半按快门按钮，防抖功能也将始终工作，因此也将消耗电池电量并可能缩短短片的拍摄时间。如果使用三脚架则没必要使用镜头的防抖功能，应将VR开关转到OFF位置

视频短片菜单重要功能详解

帧尺寸/ 帧频

功能要点：在“画面尺寸/帧频”菜单中可以选择短片的画面尺寸、帧频，选择不同的画面尺寸拍摄时，所获得的视频清晰度不同，占用的空间也不同。Nikon D750支持的短片记录尺寸见下表。

使用经验：与短片拍摄相关的菜单需要切换至短片拍摄模式时才会显示出来，其中还包括了一些与即时显示拍摄时相同的设置，在下面的讲解中将不再重述。

<table>
<tr><th colspan="2">画面尺寸/帧频</th><th>最大比特率</th><th>最大时间长度</th></tr>
<tr><th>画面尺寸（像素）</th><th>帧频</th><th>（高品质/标准）</th><th>（高品质/标准）</th></tr>
<tr><td>1920×1080</td><td>60P</td><td rowspan="2">42/24</td><td rowspan="5">10分钟/20分钟</td></tr>
<tr><td>1920×1080</td><td>50p</td></tr>
<tr><td>1920×1080</td><td>30p</td><td rowspan="5">24/12</td></tr>
<tr><td>1920×1080</td><td>25p</td></tr>
<tr><td>1920×1080</td><td>24p</td></tr>
<tr><td>1280×720</td><td>60p</td><td rowspan="2">20分钟/29分钟59秒</td></tr>
<tr><td>1280×720</td><td>50p</td></tr>
</table>

操作步骤：在**动画拍摄**菜单中选择**画面尺寸/帧频**选项，按下▲或▼方向键选择需要的帧尺寸/帧频，然后按下OK按钮即可

动画品质

功能简介：Nikon D750提供了“高品质”和“标准”两种动画品质，使用“高品质”和“标准”品质拍摄时，单个视频动画的最长录制时间分别为20min和29min59s。

使用经验：当录制时间达到最长录制时间后，相机会自动停止摄像，这时最好让相机休息一会再开始下一次录像，以免相机过热而损坏相机。

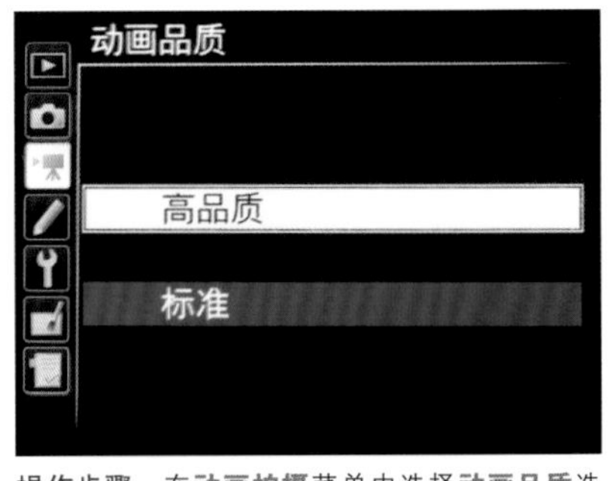

操作步骤：在**动画拍摄**菜单中选择**动画品质**选项，使用多重选择器选择需要的动画品质，按下OK按钮确认即可

目标位置

功能简介：Nikon D750提供了插槽1和插槽2两个插槽，可扩大相机存储空间。

使用经验：在拍摄视频时，可以在“目标位置”菜单中选择动画的存储位置，选择过程中相机会自动显示该卡的最长录制时间。

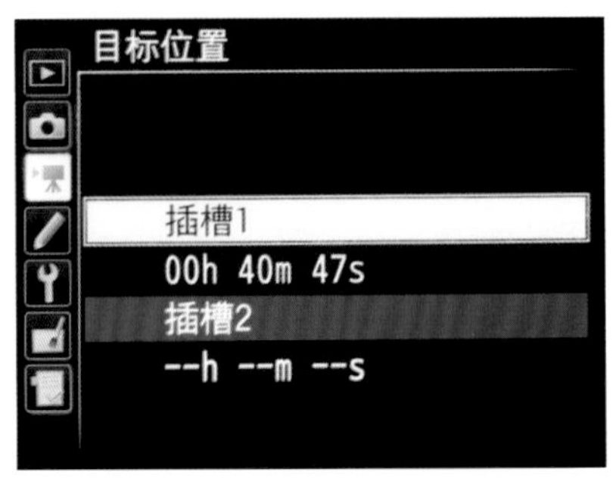

操作步骤：在**动画拍摄**菜单中选择**目标位置**选项，按下▲或▼方向键可选择**插槽**1或**插槽**2选项

麦克风

功能要点：使用相机内置麦克风可录制单声道声音，通过将带有立体声的外接麦克风连接至相机，则可以录制立体声，然后配合“麦克风”菜单中的参数设置，可以实现多样化的录音控制。

选项释义

- 自动灵敏度：选择此选项，则相机会自动调整灵敏度。
- 手动灵敏度：选择此选项，可以手动调节麦克风的灵敏度。
- 麦克风关闭：选择此选项，则关闭麦克风。

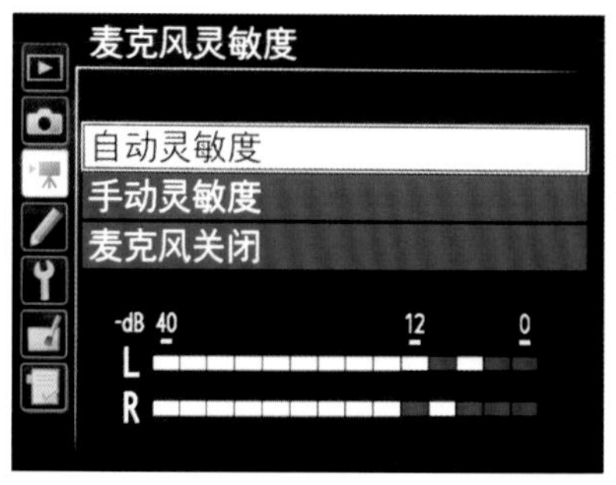

操作步骤：在**动画拍摄**菜单中选择**麦克风灵敏度**选项，按▲或▼方向键选择所需选项

浏览动画

按下相机上的播放按钮进入浏览界面，通过多重选择器上的◀或▶方向键选择需要浏览的动画，当出现动画时显示屏中会出现视频的标志，按下OK按钮即可开始播放动画。控制动画播放的功能见下表。

目 的	操 作	说 明
暂停		暂停播放
播放	OK	在动画暂停时或者快退/快进期间恢复播放
快退/快进		每按一下可使播放速度加快至2倍、4倍、8倍、16倍等；按住则可跳至动画开始或末尾（在显示屏的右上角，第一帧画面以⏮标识，最后一帧画面以⏭标识）。当播放暂停时，每按一下可使动画后退或前进一帧画面；按住则可持续后退或前进
跳越10秒		旋转主指令拨盘可向前或向后跳跃10秒
向前/向后显示画面		使用副指令拨盘可跳至下一个或上一个索引；当动画不包含索引时则跳至最后一帧或第一帧画面
调整音量	⊕（QUSA）/ ⊖（ISO）	按下⊕可提高音量，按下⊖可降低音量
裁切动画	*i*	播放过程中暂停动画，按下*i*按钮可以选择裁切动画片段以创建动画编辑后的副本，或者将所选画面保存为JPEG 静态照片
退出	▲/▶	退回全屏播放状态
返回拍摄模式		半按快门释放按钮则退回拍摄模式

第7章

「成为摄影高手必修美学之构图」

明确构图的两大目的

构图目的之一——赋予画面形式美感

有些摄影作品无论是远观还是近赏都无法获得别人的赞许，有些摄影作品则恰恰相反。这两种摄影作品之间比较大的区别就是后者更具有形式美感，而这恰好是前者所不具备的。

而构图的目的之一就是赋予画面形式美感，因为无论照片的主体多么重要，如果整个画面缺乏最基本的形式美感，这样的照片就无法长时间吸引观赏者的注意。

利用构图手法赋予画面形式美感，最简单的一个方法就是让画面保持简洁，这也是为什么许多摄影师认为“摄影是减法艺术”的原因。此外，就是灵活运用最基本的构图法则，这些构图法则在摄影艺术多年发展历程中，已经被证明是切实有效的。

焦　　距 ▷ 17mm
光　　圈 ▷ F22
快门速度 ▷ 1/50s
感 光 度 ▷ ISO100

▶ 采用水平视角拍摄的建筑一角，画面中的直线、斜线、网格线有条不紊地交织在一起，复杂的建筑结构使画面看起来很有形式美感

构图目的之二——营造画面的兴趣中心

一幅成功的摄影作品，画面必然有一个鲜明的兴趣中心点，其在点明画面主题的同时，也是吸引观者注意力的关键所在。

这个兴趣中心点可能是整个物体或者物体的一个组成部分，也可能是一个抽象的构图元素，或者是几个元素的组合等，在拍摄时摄影师必须通过一定的构图技巧来强化画面的兴趣中心，使之在画面中具有最高的关注度。

焦　　距 ▷ 105mm
光　　圈 ▷ F8
快门速度 ▷ 1/160s
感 光 度 ▷ ISO200

▶ 躲在绿叶之间的蜘蛛很自然地成为视觉的兴趣中心，虽然它占据的空间很小，但由于摄影师从构图、光圈以及背景的选择上作出主观地选择，从而使蜘蛛成为视觉中心点

构图得当的照片通常有对比与节奏

对比

无论是哪一种艺术创作，对比几乎都是最重要的艺术创作手法之一，当两个具有强烈对比性的物体出现时，这两个物体通常都能够获得极强的关注。

在摄影创作中，可以通过构图使画面的元素之间在大小、明暗、形状、方向、质感、冷暖、色彩、动静、方向上形成对比。

傍晚太阳将其周围的云霞染成金黄色，而距离太阳较远的天空则呈现为蓝色，使画面形成了强烈的冷暖对比，给人以强烈的震撼感

节奏

节奏原本是音乐中的词汇，但实际上在各种成功的艺术作品中，都能够找到节奏的痕迹。在摄影创作中，摄影师可以通过构图手法来安排画面空间的虚实交替，以及元素之间的变化，使作品具有一定的节奏与韵律感。

例如，可以通过重复的元素形成节奏，即以相同的间隔重复出现某一对象，这种重复可以形成直线、曲线、弧线或是斜线，还可以通过画面构成元素位置的差异形成节奏，或通过画面中元素呈现的大小渐变形成节奏。

▲ 造型各异的人物剪影在画面中形成独特的节奏，摄影师巧妙地以倾斜的角度进行拍摄，使画面更为特别

不同画幅的妙用

横画幅

横画幅构图被人们广泛应用，主要是因为横画幅符合人们的视觉习惯和生理特点，因为人的双眼是水平的，很多物体也都是在水平方向上进行延伸的。因此，无论是从人们的视觉习惯，还是从拍摄的便利性（横向比竖向更容易持机）考虑，横画幅都是摄影师最常使用的画幅形式。

横画幅画面给人以自然、舒适、平和、宽广、稳定的视觉感受，适合于表现水平方向上运动、宽阔的视野。特别是在表现全景类大场景时，横画幅画面比竖画幅更有气势，整个场景看上去显得更宽广、博大、宏伟。因此，横画幅经常用于拍摄大场景风光（如海面、湖面、田原、绵延山脉）、人物群体肖像、环境人像、城市及建筑全貌等题材。

竖画幅

竖画幅构图给人向上延伸的感觉。就单指画框来说，横竖边构成的角具有方向性的冲击力，给人强烈上升的视觉感受，这样能增强竖画幅向上延伸的表现力和空间感。

竖画幅有利于将画面上下部分的内容联系在一起的表达主题，适合表现平远的对象，以及对象在同一平面上的延伸和远近层次，在风光摄影中常用于拍摄大景深的山水、湖面、海面等主题。

竖画幅构图能给人以高耸、向上的感觉，因此也适合表现高大、挺拔、崇高等视觉感受，因此拍摄树木、建筑等题材时常用。

焦　　距 ▷ 36mm
光　　圈 ▷ F3.2
快门速度 ▷ 1/320s
感 光 度 ▷ ISO320

▶ 竖画幅构图可使女性的身材看起来更加修长、纤细

方画幅

方画幅是处于横画幅与竖画幅之间的一种中性的画幅形式，常常给人一种均衡、稳定、静止、调和、严肃的视觉感受。方画幅有利于表现对象的稳定状态，常常用来表现庄重的主题，但使用不当，画面容易显得单调、呆板和缺乏生气。

焦　　距▷127mm
光　　圈▷F4
快门速度▷1/250s
感 光 度▷ISO200

▶ 方画幅具有稳定性，将清晨的湖面表现得更加宁静

宽画幅

宽幅画面的视角超过了90°，其长宽比可以达到5∶1 甚至更高，这样的照片使观赏者的视野更加开阔。“清明上河图”就是这样一幅典型的超宽画幅画作。这种画幅的照片一般是在数码单反相机拍摄后用后期软件进行裁剪拼合得到的。

▲ 宽画幅的使用，让作品显得无比宽广、辽阔、同时前景处的树木也让画面增加层次感

认识各个构图要素

主体

主体指拍摄中所关注的主要对象，是画面构图的主要组成部分，是集中观者视线的视觉中心，也是画面内容的主要体现者，可以是人也可以是物，可以是任何能够承载表现内容的事物。

一幅漂亮的照片会有主体、陪体、前景、背景等各种元素，但主体的地位是不能改变的，而其他元素的完美搭配都是为了突出主体，并以此为目的安排主体的位置、比例。

在摄影中要突出主体可以采用多种手段，最常用的方法是对比，例如虚实对比、大小对比、明暗对比、动静对比等。

焦　　距 ▶ 200mm
光　　圈 ▶ F4
快门速度 ▶ 1/800s
感 光 度 ▶ ISO200

◀ 摄影师通过虚实对比使主体人物在画面中更为突出

陪体

陪体在画面中起衬托的作用，正所谓“红花需绿叶扶”，如果没有绿叶的存在，再美丽的红花也难免会失去活力。“绿叶”作为陪体时，它是服务于“红花”的，要主次分明，切忌喧宾夺主。

一般情况下，可以利用直接法和间接法处理画面中的陪体。直接法就是把陪体放在画面中，但要注意陪体不能压过主体，往往安排在前景或是背景的边角位置。间接法，顾名思义，就是将陪体安排在画面外。这种方法比较含蓄，也更具有韵味，形成无形的画外音，做到画中有“话”，画外亦有“话”。

环境

环境是指靠近主体周围的景物，它既不属前景，也不属背景。环境可以是景、是物，也可以是鸟或其他动物，主要起到衬托、说明主体的作用。

一幅摄影作品中，我们除了可以看到主体和陪体以外，还可以看到作为环境的一些元素。这些元素烘托了主题、情节，进一步强化了主题思想的表现力，并丰富了画面的层次感。

▲以画面中的礁石作为前景，衬托出了大海的辽阔，增强了画面的空间感

焦　　距▷24mm
光　　圈▷F14
快门速度▷1/100s
感 光 度▷ISO400

掌握构图元素

用点营造画面的视觉中心

点在几何学中的概念是没有体积，只有位置的集合图形，直线的相交处和线段的两端都是点。在摄影中，点强调的是位置。

从摄影的角度来看，如果拍摄的距离足够远，任何事物都可以成为摄影画面中的点，大到一个人、房屋、船等，只要距离够远，在画面中都可以以点的形式出现；同样道理，如果拍摄的距离足够近，小的对象（如一颗石子、一个田螺、一朵小花）也是可以作为点在画面中存在的。

从构图的意义方面来说，点通常是画面的视觉中心，而其他元素则以陪体的形式出现，用于衬托、强调充当视觉中心的点。

▲ 在这幅照片中，太阳与人物均可理解成为一个“点”，左上与右下的位置使它们相互平衡，并由于人物的剪影化处理，在色彩上与其他景物形成鲜明对比，成为画面的视觉中心点

焦　　距 ▷ 50mm
光　　圈 ▷ F9
快门速度 ▷ 1/800s
感 光 度 ▷ ISO200

利用线条赋予画面形式美感

线条无处不在，每一种物体都具有自身鲜明的线条特征。

在摄影中，线条既是表现物体的基本手段，也是传递画面形象美的主要方法。

拍摄经验：在实际拍摄时，要通过各种方法来寻找线条，如仔细观察建筑物、植物、山脉、道路、自然地貌、光线等，都能够找到漂亮的线条，并在拍摄时通过合适的构图方法将其在画面中强调出来，使画面充满美感。

▲ 侧逆光下的山脉呈剪影状，再结合朦胧的雾气，形成的简约线条将群山层峦叠嶂的感觉表现得很好

焦　　距 ▷ 135mm
光　　圈 ▷ F7.1
快门速度 ▷ 1/250s
感 光 度 ▷ ISO100

找到景物最美的一面

在几何学中，面的定义是线的移动轨迹。因为肉眼能看到的物体，大都是以面的形式存在的，所以面是摄影构图中最直观、最基本的元素。

在不同角度拍摄同一物体时，可以拍摄到不同的面。这些面中有的可能很美，也有的可能很平凡，这时候就需要我们去寻找、发现物体最美的一面。

▲ 夕阳时分是拍摄风景的最佳时间段，无论是光线、色彩还是云彩、天空等元素，都可以以近乎完美的状态展现出来

焦　　距 ▷ 18mm
光　　圈 ▷ F16
快门速度 ▷ 1/50s
感 光 度 ▷ ISO400

3种常见水平拍摄视角

拍摄视角的变化会影响到整个画面的视觉效果。视角不同，画面中主体与陪体表现的效果及画面中各元素间的位置关系也会发生变化，而即便是细小的变化，也可能使画面出现不同的表现效果，即所谓的“移步换景”。

关于这一点，著名诗人苏轼已经在《题西林壁》中用“横看成岭侧成峰，远近高低各不同”进行了充分而精练的表述。

正面

正面即相机与被摄体的正面相对进行拍摄，使用正面角度进行拍摄，可以很清楚地展示被摄体的正面形象。

对于风光摄影而言，有些景物是没有必然的正面或其他面之分的，此时只需要按照追求的效果选择合适的角度来拍摄就可以了。但如果拍摄的是建筑、昆虫、飞鸟、人像等题材时，则要区分是否拍摄的是正面。

正面摄影的不足之处在于，如果拍摄的是对称题材，画面会因缺少变化而显得比较呆板，被拍摄对象在画面上只有高度和宽度而没有深度，影响了对象的立体感、纵深感和动感表现。

焦　　距 ▷ 50mm
光　　圈 ▷ F16
快门速度 ▷ 1/100s
感 光 度 ▷ ISO200

▶ 正面拍摄人物的特写照片，非常清晰地表现出女性白皙、柔嫩的皮肤质感。

侧面及斜侧面

侧面拍摄，就是相机在位于与被摄体正面成90° 的位置进行拍摄。使用侧面进行拍摄，可以凸显被摄体的轮廓。

斜侧面角度是指介于正面角度与侧面角度之间的角度，它能够表现出拍摄对象正面和侧面的形象特征以及丰富多样的形态变化。

侧面角度常被用于勾勒被拍摄对象的轮廓线，例如展现出人、马等形体优美且富有特征的线条；此外，这种角度被用于强调动体的方向性和事物之间的方位感，但在拍摄时要注意为画面留出运动空间，使运动具有明确的方向性。

斜侧面角度可以弥补正面、侧面结构形式的不足，消除画面的呆板，使画面显得生动、活泼、多变、立体。斜侧面角度还可以在画面中形成影像近大远小、线条汇聚的效果，从而使画面有更强的空间透视效果。

焦　　距▷100mm
光　　圈▷F2.8
快门速度▷1/250s
感 光 度▷ISO200

▶ 通过侧面拍摄少女脸部到腹部，在虚化背景的衬托下，人物姿势优美，轮廓线十分突出

背面

背面拍摄，就是相机在位于被摄体后方的位置进行拍摄，背面拍摄意境更含蓄。在表现得当的情况下，很容易引发观众的联想。

由于背面构图主要是刻画主体背面的形态和轮廓，主体优美的造型可以使画面更有感染力。反之，如果所拍摄对象的背面没有什么特点，或不能够反映被拍摄对象的主要特征，就不适宜于背面拍摄。

▲ 在海滩上拍摄人物的背面，人物的姿态及周围环境被展现出来，画面显得更含蓄一些

焦　　距▷85mm
光　　圈▷F2.8
快门速度▷1/640s
感 光 度▷ISO160

利用高低视角的变化进行构图

平视拍摄要注意的问题

平视角度拍摄即相机镜头与被摄对象处在同一水平线上。平视角度拍摄所得画面的透视关系、结构形式和人眼看到的大致相同，给人以心理上的亲切感。

平视角度是最不容易出特殊画面效果的角度，平视角度拍摄需要注意以下问题。

首先是选择、简化背景。平视角度拍摄容易造成主体与背景景物的重叠，要想办法避免杂乱的背景或用一些可行的技术与艺术手法简化背景。

其次，要注意避免地平线分割画面。可利用前景人为地加强画面透视，打破地平线无限制的横穿画面，或者利用高低不平的物体如山峦、岩石、树木、倒影等来分散观众的注意力，减弱地平线横穿画面的力量。

还可以利用纵深线条，即利用画面中从前景至远方所形成的线条变化，引导观众视线向画面纵深运动，加强画面深度感，减弱横向地平线的分割力量。

利用空气介质、天气条件的变化，如雨、雪、雾、烟等增强空间透视感，也是不错的方法。

焦　　距▷26mm
光　　圈▷F11
快门速度▷1/125s
感 光 度▷ISO200

▲ 通过平视拍摄，很好地表现了建筑的全貌，并通过近乎完美的水面倒影，使画面更具有强烈的对称构图之美

拍摄要点：

使用三脚架稳定相机，并保持与建筑相平行的视角。

使用中等光圈进行拍摄，以保证画面的景深。

使用偏振镜过滤水面的杂光，以更清晰地呈现水面倒影。

适当降低0.7挡左右的曝光补偿，以增强建筑及水面的质感。

俯视拍摄要注意的问题

俯视角度拍摄即相机镜头处在正常视平线之上，由高处向下拍摄被摄体。

所谓“高瞻远瞩”，俯视拍摄有利于展现空间、规模、层次，可以将远近景物在平面上充分展开，而且层次分明。俯视拍摄有利于展现空间透视及自然之美，有利于表现某种气势、地势，如山峦、丘陵、河流、原野等，介绍环境、地点、规模、数量，如群众集会、阅兵式等，展示画面中物体间的方位关系。

俯视拍摄角度会改变被摄事物的透视状况，形成一定的上大下小的变形，这种变形在使用广角镜头拍摄时更加明显，例如，在人像摄影中这种角度能够使眼睛看上去更大而脸更瘦一些。

采用这种角度拍摄要注意的是，俯视拍摄有时表示了一种威压、蔑视的感情色彩，因为当我们去俯视一个事物时，自身往往处在一个较高的位置，心理上处于一种较优越的状态。因此，在拍摄人像时要慎重使用。

拍摄经验：俯视角度拍摄有简化背景的作用，可以利用干净的地面、水面、草地等作为背景，避开地平线以及地平线上众多的景物。

俯视角度拍摄时往往使地平线位于画面的上方，以增加画面的纵深感，使画面显得深远、透视感强。

▲ 以俯视角度拍摄城市夜景，繁华的灯光在蓝色天空及海面的衬托下，更显出热闹非凡的样子

焦　距▷24mm
光　圈▷F12
快门速度▷15s
感 光 度▷ISO100

仰视拍摄要注意的问题

仰视拍摄即相机镜头处于视平线以下，由下向上拍摄被摄体。仰视拍摄有利于表现处在较高位置的对象，利于表现高大、垂直的景物，当景物周围拍摄空间比较狭小时，利用仰拍角度可以充分利用画面的深度来包容景物的体积。

由于仰角度拍摄改变了人们通常观察事物的视觉透视效果，所以其有利于表达作者的独特的感受，使画面中的物体造成某种优越感，表示某种赞颂、胜利、高大、敬仰、庄重、威严等，以给人们象征性的联想、暗喻和潜在意义，具有强烈的主观感情色彩。

使用仰角度拍摄时要注意的是，如果在拍摄时使用中焦或长焦镜头，则由于仰视角度产生的景物向上汇聚的趋势就会变得比较弱。为了使景物本身的线条产生明显的向上汇聚效应，拍摄时需要使用广角镜头。

拍摄经验：仰视拍摄有利于简化背景，比如以干净的天空、墙壁、树木等作为背景，将主体背后处于同一高度的景物避开，在简化背景的同时，还可以加强画面中动作的力度。另外，仰视拍摄时往往使地平线处于画面的下方，可以增加画面的横向空间展现，使画面显得宽广、高远。

焦　　距 ▷ 20mm
光　　圈 ▷ F8
快门速度 ▷ 1/500s
感 光 度 ▷ ISO200

▶ 采用仰视的角度拍摄的建筑，强烈的透视效果使建筑看起来更加高耸

开放式及封闭式构图

封闭式构图要求作品本身的完整，通过构图把被摄对象限定在取景框内，不让它与外界发生关系。封闭式构图追求画面内部的统一、完整、和谐与均衡。适用于表现完美、通俗和严谨的拍摄题材。

开放式构图不讲究画面的严谨和均衡，而是引导观众突破画框的限制，对画面外部的空间产生联想，以达到增加画面内部容量与内涵的目的。

在构图时，可以有意在画面的周围留下被切割得不完整形象，同时不必追求画面的均衡感，利用画面外部的元素与画面内部的元素形成一种想象中的平衡、和谐感。如果利用这种构图形式来拍摄人像，画面中人像的视线与行为落点通常在画面外部，以暗示其与画面外部的事物有呼应与联系。

焦　　距▷100mm
光　　圈▷F4
快门速度▷1/125s
感 光 度▷ISO100

▶ 以封闭式构图表现将蛋糕吃得满身都是的孩子，凸显出其纯真的一面

画面中的孩子与蛋糕的局部，尤其是孩子腿上也粘着蛋糕，非常具有趣味感，同时也引人联想：到底这个孩子做了什么

焦　　距▷200mm
光　　圈▷F3.2
快门速度▷1/125s
感 光 度▷ISO100

常用构图法则

黄金分割法构图

许多艺术家在创作过程中都会遵循一定的原则，而在构图方面，艺术家们最推崇并遵循的原则就是“黄金分割”，即画面中主体两侧的长度对比为1：0.618，这样的画面看起来是最完美的。

具体来说，黄金分割法的比例为5：8，它可以在一个正方形的基础上推导出来。

首先，取正方形底边的中心点为x，并以x为圆心，以线段xy为半径作圆，其与底边直线的交点为z点，这样将正方形延伸为一个比例为5：8的矩形，即a：c=b：a=5：8，而y点则被称为“黄金分割点”。

对摄影而言，真正用到黄金分割法的情况相对较少，因为在实际拍摄时很多画面元素并非摄影师可以控制的，再加上视角、景别等多种变数，因此很难实现完美的黄金分割构图。

但值得庆幸的是，经过不断的实践运用，人们总结出黄金分割法的一些特点，进而演变出了一些相近的构图方法，如九宫格法。在具体使用这种构图方法时，通常先将整个画面用四条线进行等分，而线条形成4个交点即称为黄金分割点，我们可以直接将主体置于黄金分割点上，以引起观者的注意，同时避免长时间观看而产生的视觉疲劳。

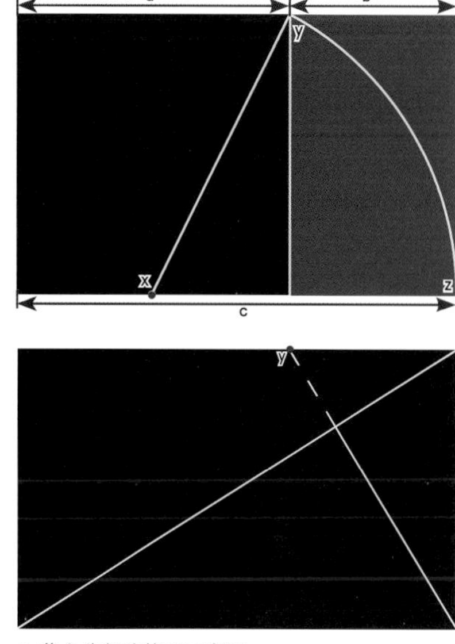

▲ 黄金分割法构图示意图

▲ 将女孩置于画面的黄金分割点处，使其在画面中突出

焦　距▷85mm
光　圈▷F2
快门速度▷1/800s
感 光 度▷ISO200

拍摄经验：在实际拍摄中，往往无法精确地将景物安排为黄金构图比例，只能依据目测和摄影者当时的感觉来取景，所拍得的画面大概符合构图标准，能反映出创作意图即可。

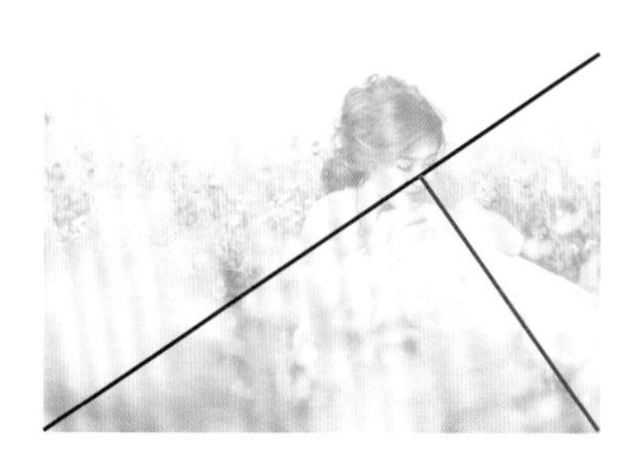

当被摄对象以线条的形式出现时，可将其置于画面三等分的任意一条分割线位置上。这种构图方法本质上利用的仍然是黄金分割的原则，但也有许多摄影师将其称为三分法构图。

焦　　距▷18mm
光　　圈▷F11
快门速度▷1/160s
感 光 度▷ISO400

▶ 将地平线置于下方的三分线上，为天空保留2/3的区域，以突出天空的广阔，表现霞光的唯美

知识链接：用网格线显示功能拍摄三分法构图

Nikon D750有“网格线显示”功能，利用取景器网格，可以在拍摄时快速地进行三分法构图。

❶进入**自定义设定**菜单，选择**d拍摄/显示**中的**d7取景器网格显示**选项

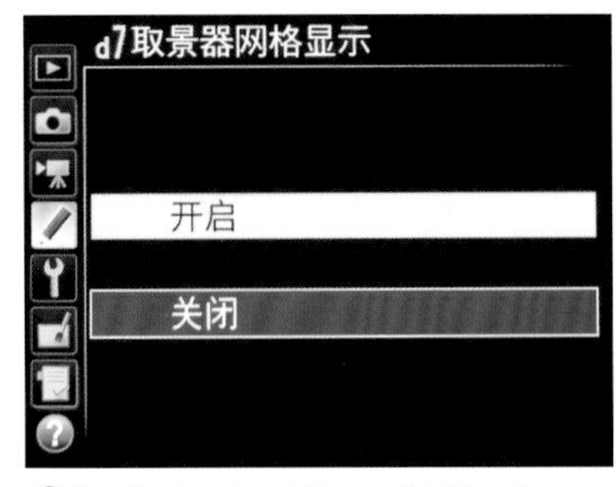

❷按▲或▼方向键可选择**开启**或**关闭**选项

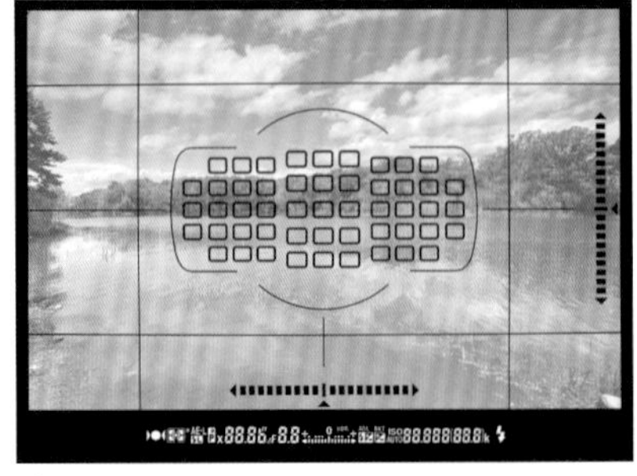

❸开启**取景器网格显示**时的取景状态

水平线构图

水平线构图也称为横向式构图，即通过构图手法使画面中的主体景物在照片中呈现为一条或多条水平线的构图手法。是使用最多的构图方法之一。

水平线构图常常可以营造出一种安宁、平静的画面意境，同时，画面中的水平线可以为画面增添一种横向延伸的形式感。水平线构图根据水平线位置的不同，可分为低水平线构图、中水平线构图和高水平线构图。

中水平线构图是指画面中的水平线居中，以上下对等的形式平分画面。采用这种构图形式通常是为了拍摄到上下对称的画面，有可能是被拍摄对象自身具有上下对称的结构，但更多的情况是由于画面的下方水面能够完全倒影水面上方的景物，从而使画面具有平衡、对等的感觉。值得注意的是中水平线构图不是对称构图，不需要上下的景物一致。

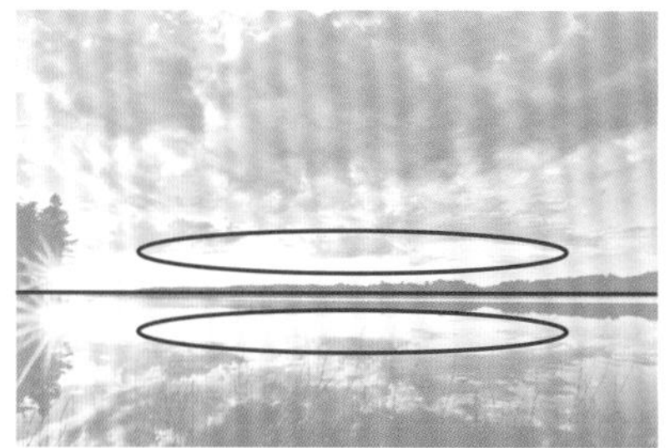

▲ 利用水平线构图拍摄湖景，通过向两边无限延伸的水平线，使画面在横向上产生了扩张感

焦　　距 ▷ 35mm
光　　圈 ▷ F22
快门速度 ▷ 1/320s
感 光 度 ▷ ISO400

低水平线构图是指画面中主要水平线的位置在画面靠下1/4 或1/5 的位置。采用这种水平线构图的原因是为了重点表现水平面以上部分的主体，当然在画面中安排出这样的面积，水平线以上的部分也必须具有值得重点表现的景象，例如天空中大面积的漂亮云层、冉冉升起的太阳等。

高水平线构图是指画面中主要水平线的位置在画面靠上1/4 或1/5 的位置。高水平线构图与低水平线构图正好相反，主要表现的重点是水平线以下部分，例如大面积的水面、地面，采用这种构图形式的原因，通常是由于画面中的水面、地面有精彩的倒影或丰富的纹理、图案细节等。

焦　　距▷18mm
光　　圈▷F10
快门速度▷1/200s
感 光 度▷ISO100

▲ 使用低水平线拍摄，留出大面积的天空，重点突出了天空中的云彩。蓝色的云层与太阳光照射的黄色云彩及水面光线的倒影使画面呈现出冷暖对比的效果，为画面营造了艺术气氛

垂直线构图

垂直线构图即通过构图手法，使画面中的主体景物在照片中呈现为一条或多条垂直线。

垂直构图通常给人一种高耸、向上、坚定、挺拔的感觉，所以经常用来表现向上生长的树木及其他竖向式的景物。

拍摄经验：如果拍摄时使画面中的景物在画面中上下穿插直通到底，则可以形成开放式构图，让观赏者想象出画面中的主体有无限延伸的感觉，因此拍摄时照片顶上不应留有白边，否则观赏者在视觉上会产生“到此为止”的感觉。

▲ 垂直线构图拍摄笔直的树林，使画面产生上下延伸的感觉

焦　　距▷50mm
光　　圈▷F2
快门速度▷1/250s
感 光 度▷ISO200

斜线及对角线构图

斜线构图是利用建筑的形态以及空间透视关系，将图像表现为跨越画面对角线方向的线条。

它可以给人一种不安定的感觉，但却动感十足，使画面整体充满活力，且具有延伸感。

对角线构图属于斜线构图的一种极端形式，即画面中的线条等同于其对角线，可以说是将斜线构图的功能发挥到了一个极致。

▲ 利用鸟儿展开的翅膀在画面中形成对角线，使画面形成动感十足的视觉效果

焦　　距 ▷ 250mm
光　　圈 ▷ F6.3
快门速度 ▷ 1/2000s
感 光 度 ▷ ISO640

辐射式构图

辐射式构图即通过构图使画面具有类似于自行车车轮轴条的辐射效果的构图手法。辐射式构图具有两种类型，一是向心式构图，即主体在中心位置，四周的景物或元素向中心汇聚，给人一种向中心挤压的感觉；二是离心式构图，即四周的景物或元素背离中心扩散开来，会使画面呈现舒展、分裂、扩散的效果。

早晨穿过树林的“耶稣光”，多瓣的花朵等，这些都属于自然形成的辐射式。

拍摄经验：要通过构图来形成辐射画面，应该在拍摄时寻找那些富有线条感的对象，如耕地、田园、纺织机、整齐的桌椅等。

▲ 利用广角镜头近大远小的透视效果拍摄建筑内部，使建筑构造形成向一点透视的效果，从而使画面产生强烈的视觉张力

焦　　距 ▷ 20mm
光　　圈 ▷ F7.1
快门速度 ▷ 1/2s
感 光 度 ▷ ISO100

L形构图

L 形构图即通过摄影手法，使画面中主体景物的轮廓线条、影调明暗变化形成有形或无形的L 形的构图手法。

L 形构图属于边框式构图，使原有的画面空间凝缩在摄影师安排的L形状构成的空白处，即照片的趣味中心，这也使得观者在观看画面时，目光最容易注意这些地方。

但值得注意的是，如果缺少了这个趣味中心，整个照片就会显得呆板、枯燥。

拍摄经验：在使用L形构图拍摄人物时，通常是让模特使用坐姿，此时要注意让人物的上半身或头部做一些特别的造型，如看向远方、看着镜头微笑、手部做些特殊造型等，以避免身体线条的僵硬感。

▲ 人物的身体姿态形成L形构图画面，给人稳定、自然、舒展的感觉

对称式构图

对称式构图是指画面中两部分景物，以某一根线为轴，在大小、形状、距离和排列等方面相互平衡、对等的一种构图形式。

采用这种构图形式通常是表现拍摄对象上下（左右）对称的画面。这种对象可能自身就有上下（左右）对称的结构；还有一种是主体与水面或反光物体形成的对称，这样的照片给人一种平静和秩序感。

▲ 对称式构图拍摄建筑与水里的影子，这种相映成趣的感觉，显出作品安静平和的氛围

S形构图

S形构图能够利用画面结构的纵深关系形成S 形，使观赏者在视觉上感到趣味无穷，在视觉顺序上对观众的视线产生由近及远的引导，诱使观众按S 形顺序深入到画面里，给画面增添圆润与柔滑的感觉，使画面充满动感和趣味性。

这种构图不仅常用于拍摄河流、蜿蜒的路径等题材，在拍摄女性人像时也经常使用，以表现女性婀娜的身姿。

拍摄要点：

选择侧光角度拍摄，使人物看起来更有立体感。

增加0.7挡的曝光补偿，使人物的皮肤更加白皙。

由于室内光线较暗，在摆拍的情况下，可使用三脚架来固定相机。

▶ 无论采取的是正面还是侧面，有经验的模特都能够通过协调身体，使其在画面中呈现出生动的S形曲线

▲ S形的道路在画面中看上去更有动感，同时空间感也得到了延伸

三角形构图

三角形构图即通过构图使画面呈现一个或多个正立、倾斜或颠倒的三角形的构图手法。

从几何学中我们知道，三角形是最稳定的结构，运用到摄影的构图中同样如此。二角形通常给人一种稳定、雄伟、持久的感觉，同时由于人们通常认为山的抽象图形概括便是三角形，所以在风光摄影中经常用三角形构图来表现大山。

根据画面中出现的三角形数量可以将三角形构图分为单三角形构图、组合三角形构图及三角形与其他图形组合构图等；根据三角形的方向，可以将三角形构图分为正三角形构图和倒三角形构图。正立三角形不会产生倾倒之感，所以经常用于表现人物的稳定感及自然界的雄伟。

如果三角形在画面中呈现倾斜与颠倒的状态，也就是倒三角或斜三角，则会给人一种不稳定的感觉。组合三角形构图的画面更加丰富多变，一个套一个的不同规格三角形组合在一起，稳重又相呼应，能够使画面的空间更有趣味性，这样的画面不容易感觉到单调和重复。

拍摄经验：在夕阳时分使用“荧光灯”白平衡，可以得到蓝、紫相间的色彩效果，为画面添加唯美的感觉。

拍摄要点：

使用偏振镜过滤画面中的杂光，让景物的色彩更加纯净，天空中云彩的立体感也更好。

使用点测光模式对远处的雪山进行测光，并适当增加0.7挡左右的曝光补偿，使雪山看起来更干净洁白。

▲ 采用三角形构图拍摄山脉，显现出了山脉稳定、大气、雄厚的感觉

焦　距 ▷ 100mm
光　圈 ▷ F10
快门速度 ▷ 1/100s
感 光 度 ▷ ISO100

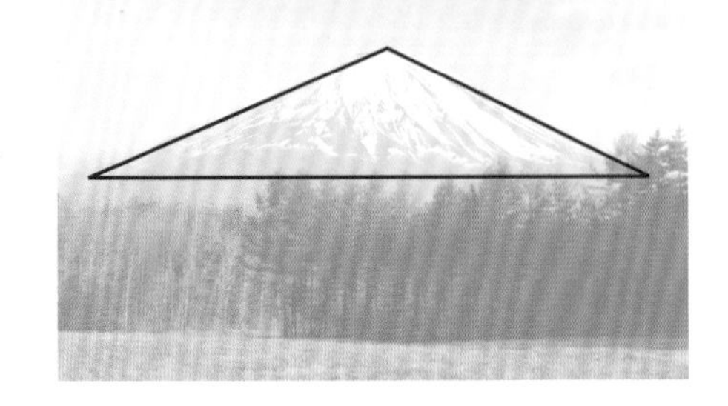

散点式构图

散点式（又称棋盘式）构图就是以分散的点状形象构成画面。整个画面上景物很多，但是以疏密相间、杂而不乱的状态排列着，即存在不同的形态，又统一在照片中的背景中。

散点式构图是拍摄群体性动物或植物时常用的构图手法，通常以仰视和俯视两种拍摄视角表现，俯视拍摄一般表现花丛中的花朵，仰视拍摄一般是表现鸟群。拍摄时建议缩小光圈，这样所有的景物都能得到表现，不会出现半实半虚的情况。

拍摄经验：这种分散的构图方式，极有可能因主体不明确，造成视觉分散而使画面表现力下降，因此在拍摄时要注意经营画面中“点”的各种组合关系，画面中的景物一定要多而不乱，才能寻找到景物的秩序感并如实记录。

▲ 山上的野花竞相开放，花朵与花朵之间呈无序地排列，上图中采用散点构图拍摄的照片显得自然、不雕琢

焦　　距 ▷ 28mm
光　　圈 ▷ F9
快门速度 ▷ 1/800s
感 光 度 ▷ ISO100

拍摄要点：

使用广角镜头进行取景并拍摄，通过其特有的透视效果，使花朵汇聚成指向天空的线条。

用点测光模式对花瓣进行测光，由于逆光下的光线非常强烈，此时需要适当增加1~1.7挡的曝光补偿，以充分表现花朵受强光照射时产生的半透明效果。

框架式构图

框架式构图是指通过安排画面中的元素，在画面内建立一个画框，从而使视觉中心点更加突出的一种构图手法。框架通常位于前景，它可以是任何形状，例如窗、门、树枝、阴影和手等。

框架式构图又可以分为封闭式与开放式两种形式。

封闭式框式构图一般多应用在前景构图中，如利用门、窗等作为前景，来表达主体，阐明环境。

开放式构图是利用现场的周边环境搭建成的框架，如树木、手臂、栅栏，这样的框式构图多数不规则及不完整，且被虚化或以剪影形式出现。这种构图形式具有很强的现场感，可以使主体更自然地被突出表现，同时还可以交代主体周边的环境，画面更生动、真实。

▲ 采用框架式构图获得远处光影交织的影像，表现了异域风情的建筑

焦　　距▶ 50mm
光　　圈▶ F6.3
快门速度▶ 1/60s
感 光 度▶ ISO200

构图的终极技巧——法无定法

虽然本章讲解了许多构图的理论知识，但如果要拍摄出令人耳目一新的作品，必须记住“法无定法”这四个字，必须明白拍摄平静的湖泊不一定非要使用水平线构图法，拍摄高楼不一定非要仰拍，只有将这些死的规则都抛到脑后，才能用一种全新的方式来构图。

这并不是指无须学习基础的摄影构图理论了，而是指在融会贯通所学理论后，才可以达到的境界，只有这种构图创新才不会脱离基本的美学轨道。这也才符合辩证的“理论指导实践，实践又反回来促进理论发展”的正循环。创新的方法多种多样，但可以一言蔽之——“不走寻常路”。

▲ 摄影师将镜头对着生活中常见的场景，利用错落有致的椅子形成大面积的图案，并将人物置于画面的黄金分割点上，打破密集图案带来的沉闷感，给人一种真实自然的生活场景

拍摄要点：

使用三脚架稳定相机，并调整好角度，以确定画面的构图，最好使用广角镜头以保证所在的位置能够尽量多的纳入周围的椅子。

使用单个对焦点对人物进行对焦。

使用小光圈进行拍摄，以保证周围环境也很清晰，营造一种有节奏感的画面。

第8章

「成为摄影高手必修美学之光影」

光线与色温

色温是一种温度衡量方法，通常用在物理和天文学领域，这个概念基于一个虚构的黑色物体，在被加热到不同的温度时会发出不同颜色的光，物体呈现为不同颜色。就像加热铁块时，铁块先变成红色，然后是黄色，最后会变成白色。

使用这种方法标定的色温与普通大众所认为的“暖”和“冷”正好相反，例如，通常人们会感觉红色、橙色和黄色较暖，白色和蓝色较冷，而实际上红色的色温最低，然后逐步增加的是橙色、黄色、白色和蓝色，蓝色是最高的色温。

利用自然光进行拍摄时，由于不同时间段光线的色温并不相同，因此拍摄出来的照片色彩也不相同。例如，在晴朗的蓝天下拍摄时，由于光线的色温较高，因此照片偏冷色调；而在黄昏时拍摄，由于光线的色温较低，因此照片偏暖色调。利用人工光线进行拍摄时，也会出现光源类型不同，拍摄出来的照片色调不同的情况。

了解光线与色温之间的关系有助于摄影师预先估计出将会拍摄出什么色调的照片，并进一步考虑是要强化这种色调还是减弱这种色调，在实际拍摄时应该利用相机的哪一种功能来强化或弱化这种色调。

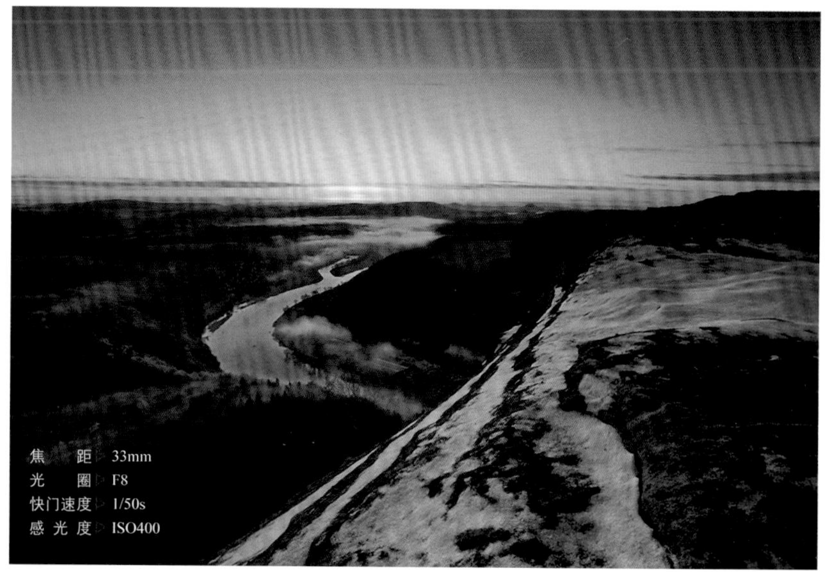

▲ 由于拍摄时的色温不同，同一地点的两张画面呈现出不同的颜色

直射光与散射光

直射光

直射光是指太阳或其他人造光源直接照射出来的光线，没有经过云层或其他物体（如反光板、柔光箱）的反射，光线直接照射到被摄体上，这种光线就是直射光。

直射光又称硬光，直射光照射下的对象会产生明显的亮面、暗面与投影，所以会表现出强烈的明暗对比，其特点是明暗过渡区域较小，给人以明快的感觉，常用于表现层次分明的风光、棱角分明的建筑等题材。

拍摄经验：直射光下拍摄时的光比很大，因此容易出现高光区域曝光正常时，暗调区域显得曝光不足，或者暗调区域曝光正常时，高光区域则出现曝光过度的情况，因此在拍摄人像、微距等题材时，应注意为暗部补光，以避免出现这种问题——当然，如果是刻意想要这种效果，就另当别论了。

◀ 利用直射光拍摄人像，顺光角度下的光线并没有在人物面部形成浓重的阴影，反而使人物皮肤的光滑感增强，画面效果更加突出

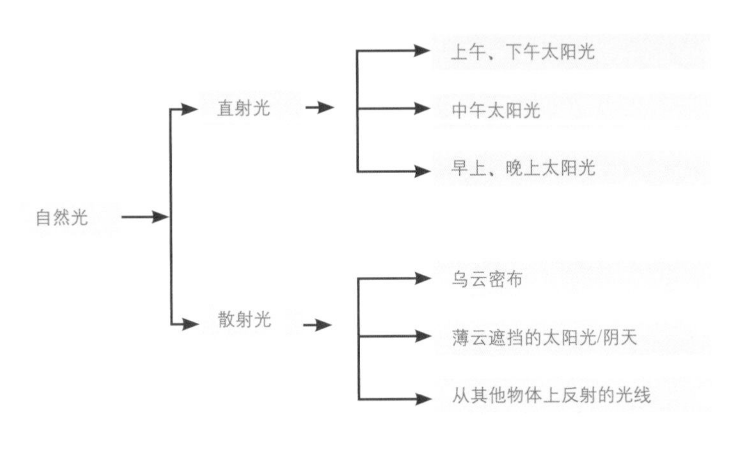

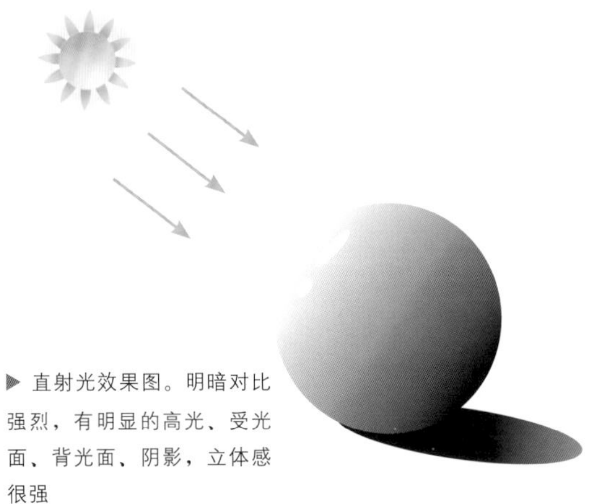

▶ 直射光效果图。明暗对比强烈，有明显的高光、受光面、背光面、阴影，立体感很强

散射光

散射光是指没有明确照射方向的光，例如阴天、雾天时的天空光或者添加柔光罩的灯光，水面、墙面、地面反射的光线也是典型的散射光。

散射光的特点是照射均匀，被摄对象明暗反差小，影调平淡柔和。利用这种光线拍摄时，能将被拍摄对象细腻且丰富的质感和层次表现出来，例如，在人像拍摄中常用散射光表现女性柔和、温婉的气质和娇嫩的皮肤质感。其缺点是被摄对象的体积感不足、画面色彩比较灰暗。

在散射光下拍摄时，要充分利用被摄景物本身的明度及由空气透视所造成的虚实变化，如果天气阴沉就必须要严格控制好曝光时间，这样拍出的照片层次才丰富。

拍摄经验：实际拍摄时，建议在画面中制造一点亮调或颜色鲜艳的视觉兴趣点，以使画面更生动。例如，在拍摄人像时，可以要求模特身着亮色的服装。

拍摄要点：

使用点测光模式对人物的面部皮肤进行测光，以优先保证人物皮肤的曝光。

启用“动态D-Lighting”功能，以降低明暗反差，增加亮部与暗部的细节。

使用反光板为人物的暗部补光，以减少明暗对比。

适当增加0.7挡左右的曝光补偿，使人物的皮肤看起来更加白皙、细腻。

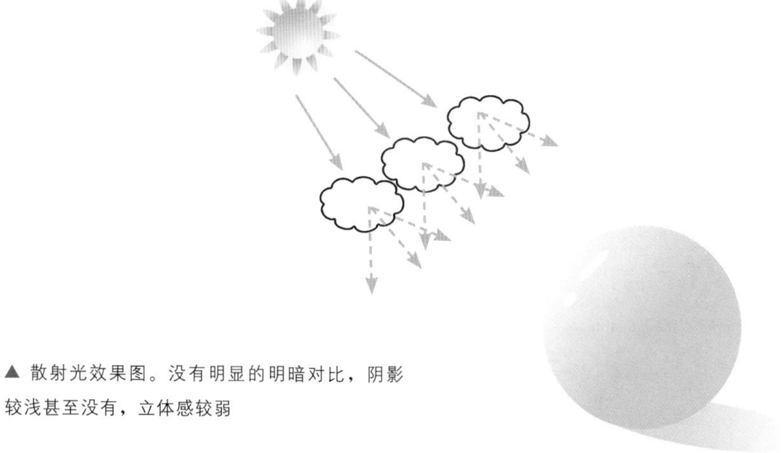

▲ 散射光效果图。没有明显的明暗对比，阴影较浅甚至没有，立体感较弱

焦　　距 ▷ 200mm
光　　圈 ▷ F5.6
快门速度 ▷ 1/400s
感 光 度 ▷ ISO100

▶ 使用散射光拍摄人像，得到了画面颜色丰富、人物皮肤细腻的效果

不同时间段自然光的特点

晨光与夕阳光线

当太阳从东方地平线升起、傍晚太阳即将沉于地平线下时，这段时间的光线被称为晨光与夕阳光线，其特点是阳光和地面呈15° 左右的角度，因此照射角度低，景物的垂直面被大面积照亮，并留下长长的投影，太阳光在透过厚厚的大气层之后，光线柔和，还常常伴有晨雾或暮霭，空气透视效果强烈，暖意效果比较明显。

在日出之前和日落之后的这一小时左右的时间内，天空在色温较高的光线影响下，多数景物会透出蓝紫色，此时无论拍摄朝霞还是晚霞，都能够得到相当不错的效果。由于此时的太阳低垂，因此大多数被拍摄景物可以按逆光拍摄出漂亮的剪影效果，具体拍摄时应以天空为背景，以天空的亮度为测光曝光依据，在此基础上减少一级曝光量，使剪影效果更加突出。

拍摄要点：

由于要表现的主体是拍打在礁石上的水花，因此可使用点测光模式对其附近的中灰色海水进行测光，然后按下AE-L/AF-L按钮以锁定曝光。

使用单个对焦点，对要拍摄的浪花的位置进行对焦，并尽量使用较小的光圈，以保证画面拥有足够的景深。

适当降低0.7~1.3挡的曝光补偿，使剪影更纯粹，水花的透明效果更佳。

拍摄经验：拍摄时不要离水花过近，以免海水溅在相机上。可使用中长焦镜头在较远的距离上拍摄，但为了保证景深，需要使用较小的光圈。

▲ 摄影师利用黄昏的光线，把拍摄位置定在大海之上，浪花高高跃起，礁石则获得不错的剪影效果

焦　距 ▷ 38mm
光　圈 ▷ F9
快门速度 ▷ 1/200s
感 光 度 ▷ ISO200

上午与下午的光线

从日出后一段时间到正午前，以及正午后到日落前一段时间，太阳光与地面的角度在15°~ 80°，这段时间里，光照非常充足，光质相对柔和，是拍摄人像、花卉、微距等题材的好时机。

这时段的太阳光不但对景物照明，同时会产生大量的反射光，从而缩小了被摄体的明暗对比，拍摄的画面的明暗反差表现极好。

▲ 摄影师利用上午光线拍摄人像，画面明暗反差小，层次过渡自然，质感丰富

焦　　距 ▷ 45mm
光　　圈 ▷ F4.5
快门速度 ▷ 1/250s
感 光 度 ▷ ISO100

中午的光线

中午时分，太阳光与地面的角度大致为90° 左右，太阳光从上向下几乎以垂直角度照射地面景物，景物的水平面被普遍照明，而垂直面的照明却很少，甚至完全处于阴影中。

拍摄照片时，要注意的是过强的阳光会导致过强的对比度，从而使影像显得生硬，无论是阴影部分还是高光部分，都可能会使细节丧失表现力。在这种情况下，最好的办法是寻找另外的视点，改变光照角度，进而达到改善对比度的目的。

拍摄经验：在中午拍摄时，由于光线太强会导致摄影师看不清液晶显示屏中显示的照片，因此，建议养成备一件薄外套的习惯。需要浏览照片时，用其盖住头部和相机即可看清照片了。

▲ 光线透过帽檐在模特脸上投下点点的光斑，形成两侧脸的明暗对比，给人一种强烈的视觉感

焦　　距 ▷ 135mm
光　　圈 ▷ F4
快门速度 ▷ 1/500s
感 光 度 ▷ ISO100

夜晚的光线

当天空全黑下来以后，环境中的自然光线仅能依靠月亮及星星了，而在实际拍摄时，多以城市夜景为背景或以此为主题，因此照明主要依靠城市中的建筑灯光、车灯、闪光灯补充等。

如果拍摄的是城市夜景的建筑照明灯光、车流等题材，拍摄时由于要进行长时间曝光，因此要特别注意通过ISO数值控制噪点，并利用三脚架保证拍摄时的稳定性。

如果拍摄的是城市中的人像，应该注意为人像补光并利用慢速闪光同步功能使人像的背景与主体人像都比较明亮。

拍摄经验：在夜晚利用微弱的光线进行拍摄时，所使用的构图原则与白天并没有什么不同，但需要格外注意的是，不要让明亮的光线或曝光过分的区域出现在照片的边缘处，以避免分散观赏者的注意力。

拍摄要点：

由于夜晚光线较弱，因此曝光时间较长，应使用三脚架来固定相机。

选择天色未全黑时进行拍摄，在画面中纳入一些天空，可增加画面的美感。

使用ISO200或更低的感光度，以尽量保证画面的质量。

▲ 在夜晚的光线下，摄影师通过控制恰当的曝光时间，将城市繁华璀璨的感觉表现出来

焦　　距 ▷ 24mm
光　　圈 ▷ F6.3
快门速度 ▷ 32s
感 光 度 ▷ ISO200

找到最完美的光线方向

光和影凝聚了摄影的魅力，随着光线投射方向、强度的改变，在物体上产生的光影效果也随之会产生巨大的变化。要捕捉最精妙的光影效果，必须要认识光线的方向对画面效果的影响。

根据光与被摄体之间的位置，光的方向可以划分为：顺光、前侧光、侧光、侧逆光、逆光、顶光。这6种光线有着不同的作用，只有在充分理解和熟悉的基础之上，才能巧妙精确地运用这些光线。

▲ 为了使读者更好地理解光线的方向，我们可以把太阳的光位看作一个表盘，将表放在视线的水平正前方，将人眼作为“相机拍摄位置”，表盘中心的点作为被摄对象，按照示意图中箭头及文字注解，就不难理解太阳的光位了

▲ 下午阳光以侧逆光角度照射在人物背后，形成较明显的轮廓光效果，通过为人物暗部进行补光以降低其光比，画面给人以清新、自然的感受

焦　距 ▷ 85mm
光　圈 ▷ F3.2
快门速度 ▷ 1/4000s
感光度 ▷ ISO200

顺光的特点及拍摄时的注意事项

当光线投射方向与拍摄方向一致时，这时的光即为顺光。

在顺光照射下，景物的色彩饱和度很好，画面通透、颜色亮丽。在顺光下拍摄可以很好地拍出颜色亮丽的画面，因其没有明显的阴影或投影，掌握起来也较容易，使用相机的自动挡就能够拍摄出不错的照片。

但顺光也有不足之处，即在顺光照射下的景物受光均匀，没有明显的阴影或者投影，不利于表现景物的立体感与空间感，画面有时会显得呆板乏味。

在实际拍摄时，为了弥补顺光立体感、空间感不足的缺点，需要尽可能地运用不同景深对画面进行虚实处理，使主体景物在画面中表现突出，或通过构图使画面中的明暗配合起来，例如以深暗的主体景物配明亮的背景、前景，或反之。

▲ 顺光角度拍摄的花朵，在深色背景的衬托下，表现出清晰、丰富的纹理

焦　　距 ▷ 100mm
光　　圈 ▷ F2.8
快门速度 ▷ 1/125s
感 光 度 ▷ ISO100

侧光的特点及拍摄时的注意事项

当光线投射方向与相机拍摄方向呈90°角时，这种光线即为侧光。

侧光是风光摄影中运用较多的一种光线，这种光线非常适合表现物体的层次感和立体感，原因是侧光照射下景物受光的一面在画面上构成明亮部分，不受光的一面形成阴影。

景物处在侧光照射下，轮廓比较鲜明，且纹理也很清晰，明暗对比明显，立体感强，前后景物的空间感也比较强，所以很多摄影爱好者都用侧光来表现建筑物、大山的立体感。

▲ 日落时分的侧光，赋予画面唯美色彩的同时，也让山体拥有强烈的立体感

焦　　距 ▷ 260mm
光　　圈 ▷ F16
快门速度 ▷ 1/200s
感 光 度 ▷ ISO100

前侧光的特点及拍摄时的注意事项

前侧光就是从被摄对象的前侧方照射过来的光，被摄体的亮光部分约占2/3的面积，阴影暗部约为1/3。

用前侧光拍摄可使景物大部分处在明亮的光线下，少部分构成阴影，既丰富了画面层次，突出了景物的主体形象，又显得协调，给人以明快的感觉，拍摄出来的画面反差适中、不呆板、层次丰富。

需要注意的是，在户外拍摄时，临近中午的太阳照射角度高，会形成高角度前侧光，这种光线反差大，层次欠丰富，使用时要慎重。

▲ 模特稍微侧脸，使窗户外的光线照射在她身上形成前侧光，以形成明暗对比，很好地表现出其立体感

焦　　距 ▷ 35mm
光　　圈 ▷ F4
快门速度 ▷ 1/250s
感 光 度 ▷ ISO400

逆光的特点及拍摄时的注意事项

逆光就是从被摄对象背面照射过来的光，被摄体的正面处于阴影部分，而背面为受光面。

在逆光下拍摄的景物，被摄主体会因为曝光不足而失去细节，但轮廓线条却会十分清晰地表现出来，从而产生漂亮的剪影效果。

拍摄时要注意以下三点：

（1）如果希望被拍摄的对象仍然能够表现出一定的细节，就要进行补光，使被拍摄对象与背景的反差不那么强烈，形成半剪影的效果，使画面层次更丰富，形式美感更强。

（2）逆光拍摄的时候，需要特别注意在某些情况下强烈的光线进入镜头，在画面上会产生光斑。因此拍摄时应该通过调整拍摄角度，或使用遮光罩来避免光斑。

（3）在逆光下拍摄时，通常测光位置选择在背景相对明亮的位置上。拍摄时，先切换为点测光模式，用中央对焦点对准要测光的位置，取得曝光参数组合，然后按下曝光锁定按钮✱锁定曝光参数，最后再重新构图、对焦、拍摄。

▲ 夕阳时分的逆光是拍摄剪影时绝佳的光线，摄影师巧妙地将人物安排在水面上的强烈反光处，不仅避免了画面给人曝光过度的感觉，同时还使主体更加突出

焦　　距▶42mm
光　　圈▶F13
快门速度▶1/1250s
感 光 度▶ISO200

侧逆光的特点及拍摄时的注意事项

侧逆光是指从被摄体的后侧面照射过来的光线，既有侧光效果又有逆光效果的光线就是侧逆光。

不同于逆光在被摄体四周都有轮廓光，侧逆光只在其四周的大部分有轮廓光，被摄体的受光面要比逆光照明下的受光面多。侧逆光的角度对被拍摄物体的影响力比较大，拍摄时应该让被拍摄物体轮廓特征比较明显的一面尽可能多地朝向光源，使景物出现受光面、阴影面和投影，以更好地表现被拍摄对象的轮廓美感与立体形态。

使用这种光线拍摄人像时，一定要注意补光，使模特的身体既有侧逆光形成的明亮轮廓，又能将正面形象正常地表现出来。

焦　　距▶37mm
光　　圈▶F4
快门速度▶1/200s
感 光 度▶ISO125

▶ 侧逆光为人物添加了完美的轮廓光效果，同时还能够较好地表现出人物正面的基本信息

利用光线塑造不同的画面影调

高调画面的特点及拍摄时的注意事项

高调画面是指画面80%以上为白色或浅灰、以大面积亮调为主的画面，给人以明朗、纯净、清秀、淡雅、愉悦、轻盈、优美、纯洁的感觉。

在风光摄影中高调画面常适合表现秀丽、宁静的自然风光，如雪地、沙漠、湖水中秀丽的山景侧影、云海、烟雾、雨后的山川风光等。在人像摄影中常用于表现女性及儿童等题材。

在拍摄高调画面时，构图方面应该保证包括主体和背景在内的区域都是浅色调；用光方面则应该选择正面光或散射光，比如多云或阴天的自然光，由于能够造成小光比，减少物体的阴影，形成以大面积白色和浅灰为主的基调，因此常用于拍摄高调画面。

需要注意的是，画面中除了大面积的白色和浅灰外，还应保留少量黑色或其他鲜艳的颜色（如红色），这些颜色恰恰是高调照片的重点，起到画龙点睛的作用，这些面积很小的深色调，在大面积淡色调的衬托与对比下，才使整个画面有了视觉重点，引起了观者的注意，同时避免了因为缺少深色而容易使画面显得苍白无力的问题。

拍摄经验：在拍摄高调人像时，模特应该穿白色或其他浅色的服装，背景也应该选择相匹配的浅色，并在顺光的环境下进行拍摄，以利于画面的表现。在阴天时，环境以散射光为主，此时先使用光圈优先模式（A 挡）对模特进行测光，然后再切换至手动模式（M 挡）降低快门速度以提高画面的曝光量。也可以根据实际情况，在光圈优先模式（A 挡）下适当增加曝光补偿的数值，以提亮整个画面。

▲ 高调照片中保留少量的色彩、可以避免画面过于苍白无力

焦　　距 ▷ 105mm
光　　圈 ▷ F4
快门速度 ▷ 1/100s
感 光 度 ▷ ISO500

低调画面的特点及拍摄时的注意事项

低调画面的80%以上为黑色和深灰，常用于表现严肃、淳朴、厚重、神秘的摄影题材，给人以神秘、深沉、倔强、稳重、粗放的感觉。

拍摄低调画面时，构图方面要注意保证深暗色的拍摄对象占画面的大部分面积；用光方面则应该使用大光比的光线，因此逆光和侧逆光是比较理想的光源角度。这些光线下不仅可以将被摄物体隐没在黑暗中，同时可以勾勒出被摄体的轮廓。

另外，还要注意通过构图让画面出现少量的亮色，以使画面沉而不闷，在总体的深暗色氛围下呈现生机，同时避免了低调画面由于没有亮色而显得灰暗无神的问题。

▲ 傍晚时分，摄影师拍摄的海景作品给人一种严肃、深沉、神秘的气氛，呈现出明显的低调效果

焦　　距 ▷ 24mm
光　　圈 ▷ F9
快门速度 ▷ 1/4s
感 光 度 ▷ ISO100

中间调画面的特点及拍摄时的注意事项

中间调画面是指没有大面积黑、白色调，而以中间灰调为主的画面。

中间调照片的画面色彩丰富，色调转变缓慢，反差较小，影调柔和，非常适合表现风光摄影。

在拍摄时需要特别注意，在取景构图时不要使黑、白色占画面的大面积区域，但这也不代表要使用大面积灰色。中间调的画面中需要少量的黑和白进行对比、陪衬，否则画面就会显得单调，缺乏生气。

▲ 中间调的蝴蝶画面看起来非常舒服，画面色彩丰富、影调柔美

焦　　距 ▷ 220mm
光　　圈 ▷ F5.6
快门速度 ▷ 1/1000s
感 光 度 ▷ ISO500

第9章

光影运用技巧

用光线表现细腻、柔软、温婉的感觉

通常，在表现女性、儿童、布艺、纱艺等类型的题材时，要求整个画面的影调、层次与主题相配合，使画面的主题与形式相契合，这样的画面的影调较柔和，因此也称为柔调画面。

要使画面展现细腻、柔软、温婉的感觉，要求整体画面的明暗反差和对比较弱，光比较小，中间影调层次较多，因此应该使用散射光来进行拍摄。

散射光一般可以分为两种类型：一种是在自然光照的条件下自身形成的散射光，它是一种不由拍摄者的主观愿望所决定，但可以进行充分利用的光线。比如在阴天或是云层很厚的天气下，或是在有雾的时刻及在日出以前、日落以后的自然光线。因此，在户外拍摄时，要选择正确的拍摄时间与天气，以获得柔和的散射光。

另外一种是由人工所控制、生成的散射光，如经大型的柔光箱过滤后的光线，通过反光伞或是其他柔光材料柔化后的光线。由于人造光的光效是可控的，因此，拍摄时只需要善于利用照明设备即可。

▲ 采用散射光拍摄，人物表现出委婉、轻盈、含蓄的感觉

拍摄要点：

使用点测光模式对人物的面部皮肤进行测光，然后按下AE-L/AF-L按钮以锁定曝光，再进行构图、对焦、拍摄。

适当增加0.3~1挡的曝光补偿，使人物皮肤看起来更加白皙。

开启“动态D-Lighting”功能，以尽量恢复衣服的亮部细节。

使用反光板为人物的暗部进行补光，以提亮人物面部。

用光线表现坚硬、明快、光洁的感觉

在常见的拍摄题材中，有不少题材要表现坚硬、明快、光洁的感觉，例如，金属水龙头、手表、表面光洁的瓷器、汽车、山脉等。

由于最终拍摄出来的画面大多明暗反差大、对比强烈、影调层次不够丰富，主要保留两极影调而舍去中间影调，画面具有硬朗、豪放、粗犷等戏剧化的感情色彩，因此也称为硬调画面。

在拍摄时通常要使用强烈的直射光，可以是户外晴朗天气条件下的太阳光线，也可以是影棚内由聚射效果的照明灯所发出的光线，或是在一般的照明灯光前，放上集光镜、束光筒之类形成的光线。

拍摄经验：如果是在影棚内拍摄，在拍摄时要注意利用反光板或小块的反光材料，如锡纸、白卡纸，人为制造反光效果，从而使被拍摄对象的表面，有较强的反光效果。

拍摄要点：

使用矩阵测光模式对整体进行测光，并适当降低0.3~1挡的曝光补偿，使整体的曝光趋于正常。

使用偏振镜过滤环境中的杂光，让天空、山峰的色彩更为纯净。

▲ 采用直射光拍摄山峰，在蓝天白云的衬托下，山峰显得十分坚硬、明快，立体感突出

焦　　距 ▷ 20mm
光　　圈 ▷ F9
快门速度 ▷ 1/800s
感 光 度 ▷ ISO320

用光线表现气氛

在摄影时，可以利用光线的变化来制造特定的气氛，给人以亲临其境的感受。

无论是人造光还是自然光，都是营造画面气氛的第一选择。尤其是自然界的光线，有时晴空万里，拍摄出来的画面给人神清气爽的感觉；有时乌云密布，给人压抑、沉闷的感觉。这样的光线往往需要长时间的等待与快速抓拍的技巧，否则可能会一闪而逝。

比起自然界的光线而言，人造光的可控性就强了许多，只要能够灵活运用各类灯具，就可根据需要营造出神秘、明朗、灯红酒绿或热烈的画面气氛。

拍摄要点：

使用矩阵测光模式对整体进行测光，并适当增加0.3~1挡的曝光补偿，使人物的皮肤显得更加白皙、细腻。

用中焦镜头拍摄时，尽量靠近被摄者，使主体在画面中占据较大面积，使人物形象更加突出。

利用柔和的侧面自然光拍摄，可以增加人物面部的立体感，起到美化人物形象的作用。

▲ 自然光下拍摄的黄昏街头，路面闪着金色的光，行人步履匆匆，画面中裹着披肩的美女只给了人一个侧脸，画面散发着一种淡淡的忧伤

焦　　距 ▷ 135mm
光　　圈 ▷ F7.1
快门速度 ▷ 1/800s
感 光 度 ▷ ISO1000

用光线表现物体的立体感

光线也影响着物体立体感的表现。光线能够在物体表面产生受光面、阴影面，如果一个物体在画面上具备了这几个面，它就具备了“多面性”，我们才能直接感受到它的形体结构。

在光线的种种照射形式中，侧光、斜侧光更适用于这种立体表现。因为它能使被摄物体有受光面、阴影面、投影，影调层次丰富且具有明确的立体感。

另外，被摄体的背景状况也影响着物体立体感的表现。如果被摄体同背景的影调、色彩一致，缺乏明显的对比，则不利于表现立体感。只有被摄体与背景形成对比，才能突出立体感。

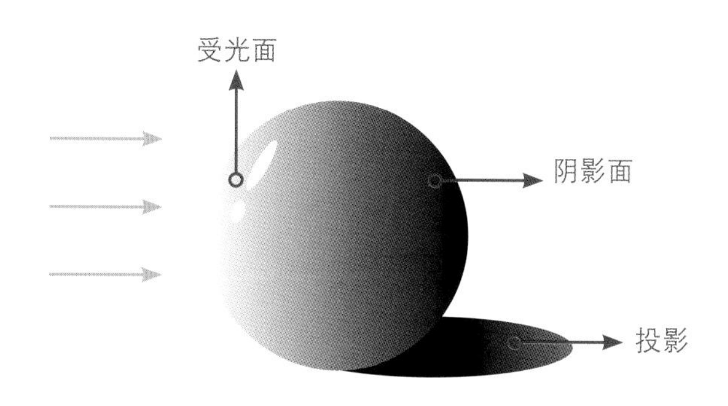

▲ 侧光最能凸显景物的立体感

▲ 采用侧光拍摄建筑，建筑物影调丰富，立体感突出

拍摄经验：在强烈的日光下，尽量采用侧光或前侧光进行拍摄，这样可以很好地表现出景物的立体感。另外，若能够使用偏振镜过滤画面中的杂光，可以更好地呈现环境中的色彩。

用光线表现物体的质感

光线的照射方向不仅影响了画面的立体感觉，还对物体的质感有根本性的影响。被拍摄对象质感的强弱，很大程度上取决于光线对被摄体表面的照明质量和方向。

首选光线——前侧光

前侧光属于侧光的一种，它又分为左前侧光和右前侧光，其照射方向位于照相机的左侧或者右侧，与照相机的光轴成45°角左右。采用前侧光拍摄，能够对被摄体形成明显的主体感，且影调丰富，色调明快。因此，前侧光是一种比较富于表现力，也比较常用的光位。

次选光线——侧光

侧光能很好地表现被摄体的质感。这是因为在侧光照明下，物体的光影鲜明、强烈，表面细小的起伏都会得到准确体现，这对表现物体的表面结构非常有利。

▲ 以侧光方式拍摄山峰，山峰的险峻表现得非常明显

焦　　距 ▷ 18mm
光　　圈 ▷ F9
快门速度 ▷ 1/320s
感 光 度 ▷ ISO200

用局域光表现光影斑驳的效果

所谓局域光，是指画面景物未受到均匀光照，一部分对象直接受到较强的光线照射，一部分对象则处于阴影之中依靠漫射光照明。这种光线能够让景物产生明与暗的变化，形成强烈的光比反差，使主体更加突出，视觉效果更加强烈。

局域光的几种类型

（1）多云天气条件下，云彩遮挡了部分光线，使地面景物出现斑驳投影，构成局域光。拍摄时最好选择合适的制高点，从高处往低处俯拍。

（2）光线从茂密丛林中的枝叶缝隙透射而入，投下一块块不规则的光照区域。

（3）当早、晚太阳位置较低时，光线斜照在高山下或深谷中也能形成局域光场景。

（4）在村巷、胡同中，当高大的墙体遮挡阳光时，会形成明显的局域光照效果。

（5）窗户透过来的光线会在室内形成小区域照亮效果。此时要注意的是，如果被摄主体在门窗前面，应该将镜头对准门窗方向，以室外的亮度为准进行曝光。

（6）在室内进行的各种比赛或表演中，如果场景的整体亮度较低，当射灯随着主角移动时，也会形成局域光照射效果。

▲ 摄影师通过特殊的取景角度，使大部分太阳光被建筑遮挡，从而形成局域光照射在人物背后，得到漂亮的轮廓光效果

焦　　距▷ 45mm
光　　圈▷ F4.5
快门速度▷ 1/400s
感 光 度▷ ISO640

局域光拍摄手法

在室外摄影时，局域光的出现与太阳、云雾等天气变化因素密切相关，并随着天气的变化而变化，因此在拍摄时要提前观察，等到局域光照射到合适的位置上时迅速按下快门。

拍摄时还要注意以下几个拍摄技法：

（1）使用点测光的测光方式，并以受光区域的主体高光部分作为曝光依据，而不以阴影部位的光亮作为参照标准，以避免高光亮度区域曝光过度。

（2）适当进行曝光补偿。由于相机的自动测光系统只能满足基本拍摄，而局域光照射的场景光线较大，明暗对比突出，因此通常需要进行曝光补偿以弥补相机自动曝光的不足。

（3）关注色彩变化。利用局域光拍摄时，阴暗部分或者单色区域的色彩往往会出现戏剧化的视觉变化，如利用中午的顶光拍摄山谷时，山体会变成灰蓝色。因此，拍摄时要对实际情况和自己的需要，灵活地选择白平衡模式，而不宜简单选择“自动白平衡”。

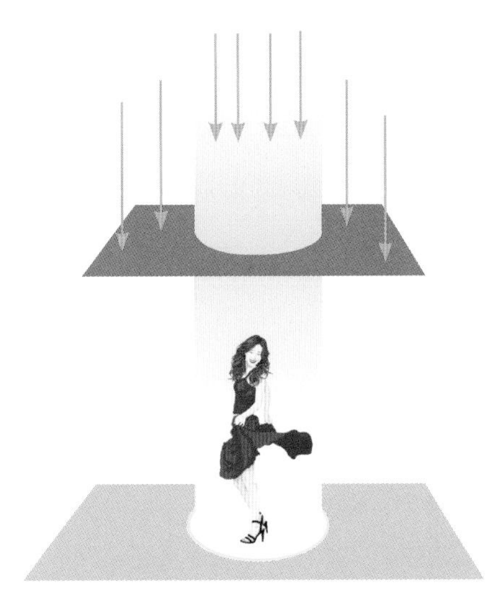

▲ 局域光示意图

▲ 在摄影师精心等待与适当曝光之后，画面中山峰被光线照亮的部分得到突出表现，漂亮的局域光效果起到了画龙点睛之效

焦　距 ▷ 35mm
光　圈 ▷ F10
快门速度 ▷ 1/200s
感 光 度 ▷ ISO200

第 10 章

成为摄影高手必修美学之色彩

光线与色彩

光线与色彩的关系密不可分，仅从光线自身的颜色来看，人造光的颜色就可以很丰富，这一点从绚丽多变的舞台灯光即可看出。

而自然光随着时间的推移，颜色也会发生变化。在日出或黄昏时刻，太阳的光线有红、橙的颜色效果，此时拍摄出来的画面有温暖的气氛；接近中午时分，太阳光线是无色的，此时拍摄能够较好地还原景物自身的颜色。

此外，光线的强弱也对景物的颜色有所影响。在强烈的直射光的照射下，景物反光较强，使其色彩看上去更淡，反之，如果光线较弱，则景物的色彩看上去更深沉。

▲ 在日光的影响下，画面天空的色彩偏蓝，地面的颜色偏红

焦　　距 ▷ 70mm
光　　圈 ▷ F7.1
快门速度 ▷ 1/400s
感 光 度 ▷ ISO100

曝光量与色彩

除了光线本身会影响景物的色彩，曝光量也能影响照片中的色彩。

例如，如果拍摄现场的光照强烈，画面色彩复杂，可以尝试采用过度曝光和曝光不足的方式，使画面的色彩发生变化，比如通过过度曝光可以使得到的画面色彩变得相对淡雅一些；而如果采用曝光不足的手法，则能够使画面的色彩变得相对凝重深沉。

这种拍摄手法，就像绘画时在颜色中添加了白色和黑色，改变了原色彩的饱和度及亮度，从而起到了调和画面色彩的作用。

焦　　距 ▷ 100mm
光　　圈 ▷ F7.1
快门速度 ▷ 1/125s
感 光 度 ▷ ISO200

焦　　距 ▷ 100mm
光　　圈 ▷ F7.1
快门速度 ▷ 1/160s
感 光 度 ▷ ISO200

▲ 左图由于曝光过度花朵亮部颜色发白，右图属正常曝光，亮部颜色表现准确

确立画面色彩的基调

画面的基调就是指画面应该有一个统一的基本颜色，别的颜色占据的面积都应该小于这个基础颜色。例如以海为背景的照片基调是蓝色，以沙漠主题的照片基调是金黄色，以森林为主题的照片基调是绿色，如果拍摄的是太阳则画面的基调是黄色或红色。

认识到基调存在的意义后，摄影师应该根据需要采用构图、用光手段，为自己的照片塑造基调，例如在拍摄冬日的白雪，画面自然是银灰或白色，但如果采取仰视的手法拍摄树上的白雪，则可以形成蓝色的基调。

需要注意的是，照片的基调色彩虽然在画面中的面积较大，但可能只是背景和环境的色彩，而主体的色彩虽然在画面中面积较少，却可能是照片的视觉重心，是照片中的兴趣点。

▲ 蓝色基调使霜花看起来更加洁白，也突出了冬季的寒冷，在拍摄时利用荧光灯白平衡使蓝调效果更突出

焦　距 ▷ 220mm
光　圈 ▷ F9
快门速度 ▷ 1/80s
感 光 度 ▷ ISO200

运用对比色

色彩在明度、饱和度甚至是色相上都会引起人的视觉发生不同的变化，它们之间有着互相联系、互相衬托、互相对比的关系。例如大面积颜色和小面积颜色的对比、色彩明度的对比等。

通常，通过色彩的亮度和饱和度来达到突出画面主题的效果。亮度和饱和度都是色彩的表现形式，色彩的亮度、饱和度对比越强，则夺目性越强。

▲ 金黄色的夕阳与深蓝色的天空形成强烈的明暗对比，使画面的视觉冲击力更加强烈

焦　　距 ▷ 18mm
光　　圈 ▷ F11
快门速度 ▷ 1/400s
感 光 度 ▷ ISO100

运用相邻色使画面协调有序

在色环上临近的色彩相互配合，如红、橙、橙黄，蓝、青、蓝绿，红、品红、紫，绿、黄绿、黄等色彩的相互配合，由于它们反射的色光波长比较接近，不至于明显引起视觉上的跳动，所以它们相互配置在一起时，不仅没有强烈的视觉对比效果，而且会显得和谐、协调，给人以平缓与舒展的感觉。

可以看出，相邻色构成的画面较为协调、统一，却很难给观赏者带来较为强烈的视觉冲击力，这时可依靠景物独特的形态或精彩的光线为画面增添视觉冲击力。但是在大部分情况下，拍摄用相邻色构成的画面，还是可以获得较为理想的画面效果的。

▲ 以夕阳下的天空为主要拍摄元素，画面呈现出橙黄色基调，将日落时分静谧的气息表现得很好

焦　　距 ▷ 70mm
光　　圈 ▷ F8
快门速度 ▷ 1/125s
感 光 度 ▷ ISO200

画面色彩对画面感情性的影响

自然界中不同的色彩，能给人以不同的感受与联想。例如，当看到早晨的太阳，有温暖、兴奋、希望与活跃的感觉，因此以红色为主色调的画面就很容易使人们产生振奋的情感，但由于血液也是红色，因此红色又能够给人恐怖的感觉。同理，绿色能使人产生一种清新、淡雅的情感，但由于霉菌、苔藓也是绿色，因此绿色有时也会给人不洁净的感觉。

人们把这种对色彩的感觉所引起的情感上的联想，称为“色彩的感情”。色彩的感情是从生活中的经验积累而来的，由于国家、民族、风俗习惯、文化程度和个人艺术修养的不同，不同的人对色彩的喜爱可能有所差异。

如中国皇家专用色彩为黄色；罗马天主教主教穿红衣，教皇用白色；伊斯兰教偏爱绿色；喇嘛教推崇正黄；白色在中国传统中为丧服，大红才是婚礼服色彩，而欧洲以白色为主要婚礼服色彩；中国人不太喜欢黑色，而日耳曼民族却深爱黑色。

了解画面色彩是如何影响观众情感的，有助于摄影师根据画面的主题来使用一定的摄影技巧，使画面的色彩与主题更好地契合起来。例如，可以通过使用不同的白平衡使画面偏冷或偏暖；或者通过选择不同的环境，利用环境色来影响整体画面的色彩。如果拍摄的是人像题材，还可以利用带有颜色的反光板来改变画面的色彩。

▲ 夕阳时分的暖色调，配合惬意的情侣，让人产生美好的情感共鸣

拍摄经验：在强烈的逆光环境下，再加上取景范围中不断运动的人物，使用自动或半自动曝光模式，都很容易出现偏差。此时可以用点测光模式对水面反光旁边的位置进行测光并测试拍摄，以确认得到最佳的曝光参数，然后切换至手动曝光模式，并按照此前尝试得到的曝光参数进行设置，从而保证得到正确的曝光结果。

画面色彩对画面轻重进退的影响

生活经验告诉我们，质量轻的物体看起来多是浅色的，如白云、烟雾、大气；而沉重的物体多半是深色的，如钢铁、岩石等。因此我们很容易以这种生活经验来看待画面中色彩的轻重感，画面中颜色较淡、较浅的对象往往被认为更轻、更远，而画面中颜色较深或较沉的对象，则被认为更重、更近。

与此类似的是颜色的进退感，同等远近距离上暖色看上去比冷色显得近，实际上这也是根据人类的生活经验得来的，因为室外远处的景物看上去总是带有蓝青的调子，所以当我们看到蓝色、青色等冷色时，会产生距我们较远的错觉。而红色、橙色、黄色则显得较近，因此也被称为“前进色”。

了解了色彩与画面的轻、重、进、退之间的关系后，在摄影时就能够更加有技巧地运用色彩来表现画面的主题。例如，可以在大面积的轻色中用小块重色求得视觉均衡，让小块重色所代表的形象有近在眼前的感觉。又如，可以将冷色调安排为画面的背景色，使画面更有空间感。

▲ 即便有相当大面积的黑色，仍然能够给人以强烈的视觉冲击

焦　距 ▷ 35mm
光　圈 ▷ F13
快门速度 ▷ 1s
感 光 度 ▷ ISO100

▼ 如果单是大面积云朵的浅色，画面就会显得飘飘然。阴影中的山峰使画面显得更沉稳，在视觉上更加符合人的审美习惯

焦　距 ▷ 200mm
光　圈 ▷ F9
快门速度 ▷ 1/160s
感 光 度 ▷ ISO200

第11章

风光摄影

风光摄影的器材运用技巧

稳定为先

在进行风光摄影时，为了得到较大的景深范围和细腻的画质，通常使用低感光度和小光圈，这样一来，曝光的时间就会相应延长，在这种情况下，如果继续手持拍摄，势必会影响成像的质量。所以，准备一个合适的脚架是很有必要的。

但对于初上手学习摄影的摄友而言，不建议携带脚架，因为在这个阶段进行拍摄的最大任务是多找角度、多拍，从大量拍摄中找到感觉，拍摄的目的是用数量换质量，而使用脚架会降低移动的灵活性，从而降低拍摄数量。但对于摄影高手而言，由于对照片构图、用光、画质等方面要求更高，并不会追求拍摄的数量，因此通常要用脚架提高拍摄质量。

▲ 为了保证画面的质量，在拍摄大场面的风光作品时，三脚架是必不可少的

焦　　距 ▷ 20mm
光　　圈 ▷ F10
快门速度 ▷ 1/60s
感 光 度 ▷ ISO200

知识链接：脚架类型及构成

脚架是最常用的摄影配件之一，使用它可以让相机变得稳定，以保证长时间曝光的情况下也能够拍摄出清晰的照片。根据脚架的造型可将其分为独脚架与三脚架两种。

三脚架稳定性能极佳，在配合快门线、遥控器的情况下，可实现完全脱机拍摄。

独脚架的稳定性能要弱于三脚架，且需要摄影师来控制其稳定性，但其体积和重量都只有三脚架的1/3，因此携带较为方便。

使用独脚架辅助拍摄时，一般可以在安全快门的基础上放慢三挡左右的快门速度，比如安全快门速度为1/150s时，使用独脚架可以在1/20s左右的快门速度下进行拍摄。

▲ 只有一根脚管的独脚架没有三足鼎立的三脚架那么稳定，因此独脚架不适用于长时间曝光，但适合拍摄体育运动、音乐会、野生动物、山景等各种需要抓拍的题材

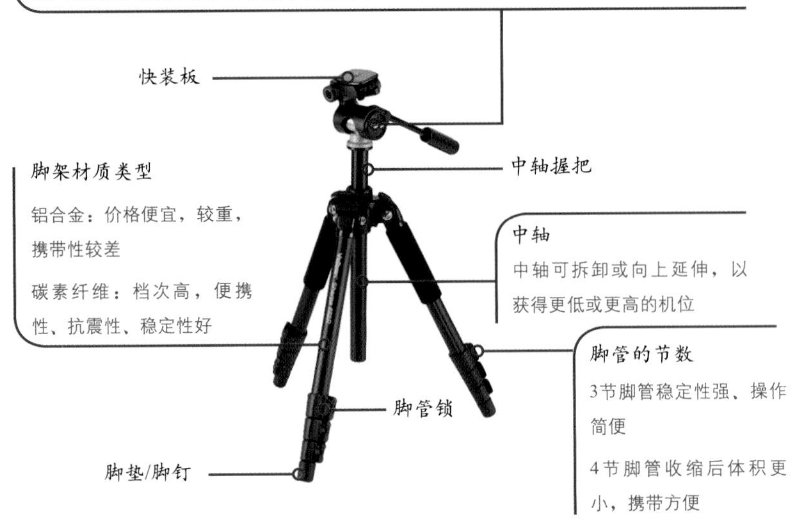

偏振镜在风光摄影中的使用

偏振镜也叫偏光镜或PL镜，主要用于消除或减少物体表面的反光。在风光摄影中，如果希望减弱水面的反光、获得浓郁的色彩，或者希望拍摄出湛蓝的天空，都可以使用偏振镜。

另外，许多日常看到的景物表面都有反射光现象，如玻璃、树叶、小溪中的石头等，使用偏振镜拍摄这些景物，可以消除反射光中的偏振光，以降低其对景物色彩的影响，提高景物的色彩饱和度，使画面中的景物看上去更鲜艳。

▲ 通过使用偏振镜过滤环境中的杂光，不仅使水面变得更加清澈、透明，同时还强化了画面的色彩

焦　　距 ▷ 14mm
光　　圈 ▷ F20
快门速度 ▷ 1/10s
感 光 度 ▷ ISO400

知识链接：偏振镜及其使用方法

偏振镜分为线偏和圆偏两种，数码单反相机应选择有“CPL”标志的圆偏振镜，因为在数码单反相机上使用线偏振镜容易影响测光和对焦。

怎样使用偏振镜？

偏振镜效果最佳的角度是镜头光轴与太阳呈90° 时，在拍摄时可以如右图所示，将食指指向太阳，大拇指与食指呈90° ，而与大拇指呈180° 的方向则是偏光带，在这个方向拍摄可以使偏振镜效果发挥到极致。

如果相机与光线的夹角在0° 左右，偏振镜就基本没有效果。换言之，在侧光拍摄时使用偏振镜效果最佳，而顺光和逆光时则几乎没有效果。

如何调整偏振镜的强度？

在使用偏振镜时，可以旋转其调节环以选择不同的强度，旋转时在取景器中可以看到照片色彩上的变化。同时需要注意的是，使用偏振镜后会阻碍光线的进入，大约相当于2挡光圈的进光量，因此偏振镜也能够在一定程度上作为阻光镜使用，以降低快门速度。

▲ 肯高 67mm C-PL（W）偏振镜

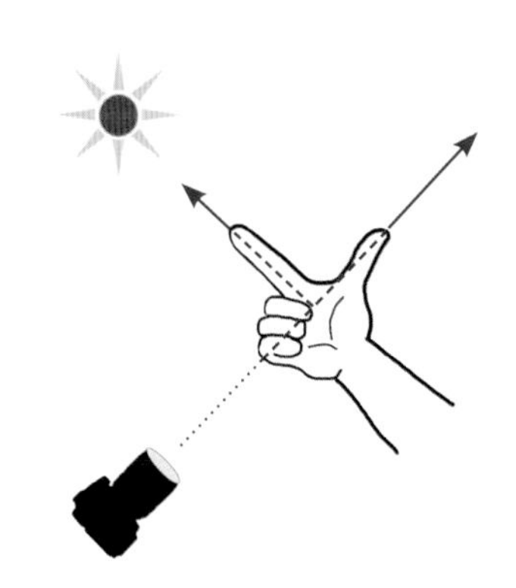

用中灰渐变镜降低明暗反差

逆光拍摄天空时，地面与天空的亮度反差会很大，此时如果以地面的风景测光进行拍摄，天空会曝光过度甚至变成白色，而如果针对天空进行测光，地面又会由于曝光不足而表现为阴暗面。

为了避免这种情况，拍摄时应该使用中灰渐变滤镜，并将渐变镜上较暗的一侧安排在画面中天空的部分，以减少天空、地面的亮度差异，拍摄出天空与地面均曝光正确的作品。

中灰渐变镜是风光摄影的必备器材之一，笔者强烈建议各位希望拍摄出漂亮风景作品的读者购买。

知识链接：渐变镜及其类型

渐变镜在色彩上有很多选择，如蓝色、茶色、日落色等。而在所有的渐变镜中，最常用的应该是渐变灰镜了，它可以在深色端减少进入相机的光线。通过调整渐变镜的角度，将深色端覆盖天空，可以在保证浅色端图像曝光正常的情况下，使天空中的云彩具有很好的层次。

在形状方面，渐变镜分为圆形和方形两种。其中，圆形渐变镜是安装在镜头上的，但由于渐变位置不便调节，因此使用起来并不方便。使用方形渐变镜时，需要买一个支架装在镜头前面才可以把滤镜装上，其优点是可以根据构图的需要调整渐变的位置。

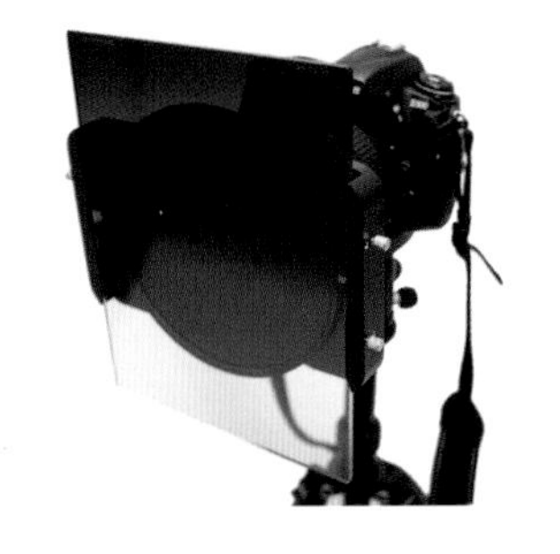

▲ 方形渐变镜

▲ 圆形渐变镜

▲ 未使用中灰渐变镜拍摄，由于天空与地面反差较大，出现了天空曝光过度、地面曝光正常的情况

▲中灰渐变镜在场景中使用时示意图

▲ 使用方形中灰渐变镜拍摄，可以灵活地倾斜或上下移动渐变镜，使画面的明暗过渡更加自然，天空与地面的曝光都较正常，也都具有很多细节

用摇黑卡的技巧拍摄大光比场景

在拍摄风光题材时，经常会遇到光比较大的场景，如日出、日落。此时，天空与地面的景物明暗反差很大，两者之间的亮度等级往往相差超过 4 级或 5 级。在这种大光比场景中拍摄时，如果针对较亮的区域（如天空）进行测光并曝光，则较暗的地面景物会由于曝光不足而成为黑色剪影；反之，如果根据较暗的地面景物进行测光并曝光，则较亮的天空会由于曝光过度成为无细节的白色。

要拍摄这种场景，除了可以使用中灰渐变镜平衡光比外，还可以采用摇黑卡的方法进行拍摄，具体方法如下所述。

❶使用三脚架固定相机，调整画面构图，确保画面中水平线水平。

❷将曝光模式设置为B门（以灵活控制曝光时间），为了获得更大的景深，建议光圈设置在F14~F22之间。

❸使用点测光模式针对天空进行测光，以得到使天空区域正确曝光所需的曝光时间（在此假设为2s）。再针对地面进行测光，以得到使较暗的地面景物正确曝光所需的曝光时间（在此假设为6s)。

❹使用自动对焦点将对焦点位置设置在画面中较远的景物上，然后切换为手动对焦，以确保对焦点不会再因其他因素而改变。

❺将黑卡紧贴镜头，遮挡住较亮的天空，并通过取景器查看黑卡是否正确遮挡住了天空区域。

❻使用快门线锁定快门开始拍摄。

❼上下小幅度轻微晃动黑卡，并在心中默数4s（地面正常曝光的时间6s减去天空正常曝光的时间2s），然后迅速拿开黑卡，让整个画面再继续曝光2s。

❽释放快门按钮结束曝光。

▲ 使用黑卡有齿的一面在天空处来回晃动，可减少天空部位的进光量，缩小天空与地面的明暗差距，得到曝光合适的画面

焦　距▷24mm
光　圈▷F5.6
快门速度▷5s
感 光 度▷ISO100

知识链接：怎样制作并使用黑卡

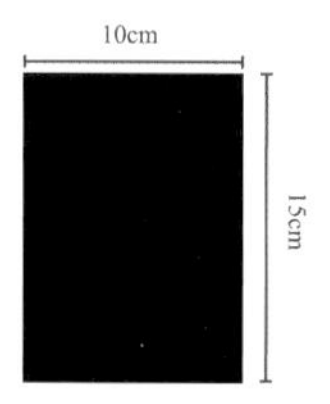

❶准备一张材质较硬且不反光的黑色长方形卡纸，大小以可以遮挡住镜头即可。

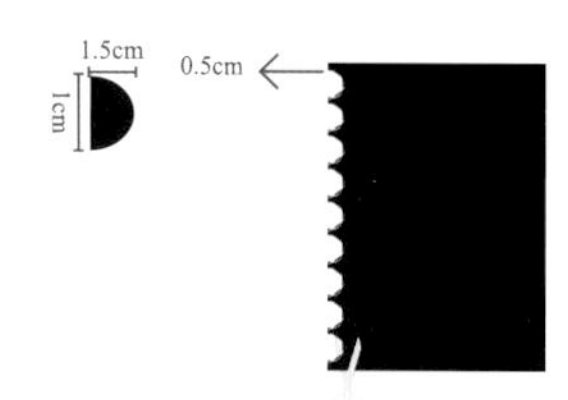

❷测量出卡纸的长边尺寸，每隔0.5cm剪1个1.5cm×1cm的半椭圆形，平均分成多个。

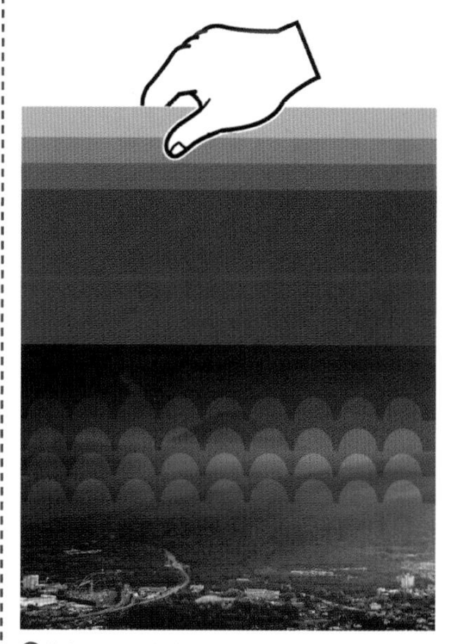

❸拍摄时用黑卡遮挡住较亮的天空，不断上下（小范围）轻微晃动黑卡。

拍摄经验：在拍摄时不断上下晃动黑卡是为了使被遮挡区域与未被遮挡区域之间出现柔和的过渡。如果在拍摄时未持续晃动黑卡，则有可能导致天空与地面的景物之间出现一条明显的分界线，画面显得生硬、不自然。

不同焦距镜头在风光摄影中的空间感比较

不同焦距的镜头有不同的视角、拍摄范围、影像放大率和空间深度感，一个成熟的风光摄彩师要熟知各种不同焦距镜头的成像特点，才能在面对不同的拍摄场景时驾轻就熟，拍摄出具有艺术水准的作品。

广角镜头

广角镜头由于视角宽，可以容纳更多的环境，故而给人以强烈的透视感受。拍摄风光片时，广角镜头是最佳选择之一，利用广角镜头强烈的透视感可以突出画面的纵深感，因此广角镜头常用来表现花海、山脉、海面、湖面等需要用宽广的视角展示整体气势的摄影主题。

在拍摄时，可在画面中引入线条、色块等元素，以便充分发挥广角镜头的线条拉伸作用，增强画面的透视感，同时利用前景、远景的对比来突出画面的空间感。

焦　　距 ▷ 30mm
光　　圈 ▷ F13
快门速度 ▷ 10s
感 光 度 ▷ ISO100

▶ 使用广角镜头拍摄的画面视野较大，得到的画面气势很广阔

广角镜头推荐		
AF-S DX 尼克尔10-24mm F3.5-4.5 G ED	AF-S 尼克尔14-24mm F2.8 G ED	AF 尼克尔18-35mm F3.5-4.5D IF-ED

中焦镜头

一般来说，35~135mm焦段都可以称为中焦，其中50mm、85mm镜头是常用的中焦镜头。中焦镜头的特点是镜头的畸变相对较小，能够较真实地还原拍摄对象。

中焦镜头又被称为“人像镜头”，多用于人像拍摄，但这并不代表中焦镜头不能拍摄风景。

使用中焦镜头拍摄风景最大的优点就是画面真实、自然，能够给观赏者最舒适的视觉感受。

焦　　距 ▷ 65mm
光　　圈 ▷ F5.6
快门速度 ▷ 1/160s
感 光 度 ▷ ISO100

▶ 使用中等焦距拍摄树木，最大限度地保证了其垂直的特性，避免了画面的变形

中焦镜头推荐		
AF-S 尼克尔 50mm F1.8 G	AF-S 尼克尔 24-70mm F2.8 G ED	AF-S 尼克尔 24-120mm F4 G ED VR

长焦镜头

长焦镜头也叫“远摄镜头”，具有“望远”的功能，能拍摄距离较远、体积较小的景物。在风光摄影中，经常使用长焦镜头将远距离的山脉、花朵拉近拍摄，或者利用长焦镜头压缩画面以突出某个主体，如山石、树木、花朵等。

长焦镜头的特点大致有以下几点。

（1）景物的空间范围小。由于镜头焦距长、视角小，拍摄的画面所反映的景物空间范围比较小，因此长焦镜头适合拍摄近景及特写景别的画面。

（2）画面的景深浅。当光圈大小与拍摄距离不变时，景深与焦距成反比，因此使用长焦镜头拍摄时，画面的景深较浅。这就要求摄影师在对焦时要确保准确。

（3）由于远处景物的画面尺寸被放大，使前后景物的纵深比例变小，画面空间感明显变弱，这与广角镜头能加大空间距离，夸张表现近大远小的透视效果完全不同。因此，长焦镜头更适合于表现紧凑或拥挤的画面效果。

▲ 以长焦镜头拍摄远处的树木，虽然无法体现其空间纵深感，但胜在能够真实地表现景物本质，配合侧逆光与暖色调的表现，给人以温暖、恬静的视觉感受

焦　　距 ▷ 200mm
光　　圈 ▷ F16
快门速度 ▷ 1/100s
感 光 度 ▷ ISO100

长焦镜头推荐		
AF-S 尼克尔 200mm F2 G ED VR II	AF-S 尼克尔 VR 70-300mm F4.5-5.6 G IF-ED	AF-S 尼克尔 70-200mm F2.8 G ED VR II

风光摄影中逆光运用技巧

在风景摄影中，无论是清晨还是黄昏，均是公认的最佳摄影时间，但在这两个时间段进行拍摄时，光线均以逆光为主，因此掌握好逆光运用技巧就变得很重要。

逆光按光线角度变化和拍摄角度的不同，一般可分为三种形式：

（1）正逆光：光源置于被摄体的正后方，有时光源、被摄体和镜头几乎在一条直线上。

（2）侧逆光：光源置于被摄体的侧后方，同拍摄轴线构成一定角度，拍摄时光源一般不出现在画面中。

（3）高逆光：有时也称“顶逆光”，光源在被摄体后上方或侧后上方，一般在被摄体边缘成比较宽的轮廓光条。

逆光摄影具有极强的艺术表现力，深受摄影者喜爱。在风光摄影中要拍出好的逆光作品，对光线的把握至关重要，掌握最佳拍摄时机，合理运用逆光，扬长避短，才能使逆光在风光摄影中得到更好的利用。

妥善处理亮暗光比，明确表现重点

逆光拍摄和顺光拍摄完全相反。拍摄的画面具有大面积的阴影区，因此影调偏暗，被摄对象能够在画面中呈现出明显的明暗关系。当存在其他光线时，被摄体背后的光线和其他光线会产生强烈的光比。如要明确表现拍摄的重点，保证被摄体主要部分的正确质感和影纹层次的表达，那么就要通过控制曝光量来舍去次要部分的质感和阴影层次。

摄影师使用逆光光线让太阳落在伸向海中的桥上，突出了桥与天空的明暗对比，让桥更具有线条的延伸美

焦　距 20mm
光　圈 F10
快门速度 1/100s
感 光 度 ISO200

选择理想的时间

对于风光摄影中的画面造型来讲，逆光拍摄的最佳时间应该是太阳初升与太阳欲落时。换言之，光线入射角越小，逆光效果就越好。这段时间的光线能保证被摄体边缘有较为细腻、柔和、醒目和单一的轮廓光。

关注画面的几个造型

运用逆光拍摄的目的是提炼线条、塑造形态，在画面中描绘出景或物的外在形状和轮廓，因此，评断此类照片的标准之一就是画面中的景物是否呈现出漂亮的几何线条造型。

在拍摄时，要注意通过调整机位、改变构图方式，使画面中景物的主要轮廓线条清晰、完整、明显。要注意避免由于景物间相互重叠而导致轮廓线条走形、变样的情况。

使用较暗的背景

逆光拍摄时要表现的重点景物是否突出、逆光效果是否完美、线条与轮廓是否有表现力，这些与背景有很大关系。暗色调的背景有利于衬托被摄对象边缘的明亮部分，使其轮廓线条犹如画家用笔勾勒、雕刻家用刀雕刻般鲜明而醒目。因此，拍摄时要尽量选择单一的、颜色较暗的背景，通过构图将一切没有必要的、杂乱的线条，压暗隐藏在背景中。

▲ 摄影师使用逆光光线拍摄的这幅作品，树木轮廓得到凸显，沙滩的条纹也让画面更具形式美感

焦　　距 ▷ 16mm
光　　圈 ▷ F13
快门速度 ▷ 1/4s
感 光 度 ▷ ISO200

防止镜头眩光

光线进入镜头在镜片之间扩散与反射之后，会形成可以看见的光斑，这就是眩光。此外，如果拍摄后，发现照片虽然比较明亮，但有雾蒙蒙的感觉，基本上也是因为镜头眩光引起的。

镜头眩光会直接影响照片品质，因此在拍摄时要采取以下措施避免在照片中出现眩光。

（1）改变构图避免光线直射入镜头。由于镜头眩光多出现在以逆光或侧逆光光位拍摄时，因此，可以通过改变拍摄角度、机位来控制。

（2）为镜头加装合适的遮光罩。

（3）避免使用镜头的广角端进行拍摄，因为广角端更容易产生镜头眩光。

（4）调整光圈，因为不同光圈的抗眩光效果也不同，因此可以尝试使用不同的光圈进行拍摄。

▲ 拍摄逆光作品时，为了不让画面中出现眩光，特在镜头上加了遮光罩

焦　　距 ▷ 30mm
光　　圈 ▷ F22
快门速度 ▷ 1/200s
感 光 度 ▷ ISO100

知识链接：利用遮光罩防止镜头眩光

遮光罩由金属或塑料制成，安装在镜头前方。遮光罩可以遮挡住不必要的光线，避免产生镜头眩光。

在选购遮光罩时，要注意与镜头的匹配。广角镜头的遮光罩较短，而长焦镜头的遮光罩较长。如果把适用于长焦镜头的遮光罩安装在广角镜头上，画面四周的光线会被挡住而出现明显的暗角；把适用于广角镜头的遮光罩安装在长焦镜头上，则起不到遮光的作用。另外，遮光罩的接口大小应与镜头安装的滤镜大小相符合。

▲莲花形遮光罩

▲ 圆形遮光罩

拍摄水面

表现画面的纵深感

拍摄水面时，如果在画面的前景、背景处不安排任何参照物，则画面的空间感很弱，更谈不上纵深感。因此在取景时，应该注意在画面的近景处安排水边的树木、花卉、岩石、桥梁或小舟，在画面的中景或远景处安排礁石、游船、太阳，以与前景的景物相互呼应，这样不仅能够避免画面单调，还能够通过近大远小的透视对比效果表现出水面的纵深感。

为了获得清晰的近景与远景 ，应该使用较小的光圈进行拍摄。

▲ 通过恰当的角度及构图，使画面中长长的木桥延伸向远方，形成极强的画面纵深感

拍摄要点：

❶ 使用镜头的广角端进行取景，以表现场景的大气与壮阔。

❷ 由于画面的纵深较大，因此应使用较小的光圈，以获得足够的景深。

❸ 设置“荧光灯”白平衡，在当前太阳光拥有较强光照的环境下，可以获得漂亮的蓝紫色调。

表现水面的宽阔感

水平线较易使观者视线在左右方向产生视觉延伸感，增强画面的视觉张力，这种构图形式可以说是表现宽阔水面的不二选择，不仅可以将被摄对象宽阔的气势呈现出来，还可以给整个画面带来舒展、稳定的视觉感。拍摄时最好配合广角镜头，以最大限度地体现水面宽广的感觉。

▶ 水平线构图加上广角镜头的使用，让水面看上去更加宽广

表现夕阳时分波光粼粼的金色水面

无论拍摄的是湖面还是海面，在逆光、微风的情况下，都能够拍摄到闪烁着粼粼波光的水面。如果拍摄时间接近中午，光线的色温较高，则波光的颜色偏向白色。如果拍摄时是清晨、黄昏，光线的色温较低，则波光的颜色偏向金黄色。

为了拍摄出这样的美景，要注意两点：

第一，是要使用小光圈，从而使粼粼波光在画面中呈现为小小的星芒。

第二，如果波光的面积较小，要做负向曝光补偿，因为此时场景的大面积为暗色调；如果波光的面积较大，是画面的主体，则要做正向曝光补偿，以弥补反光过高对曝光数值的影响。

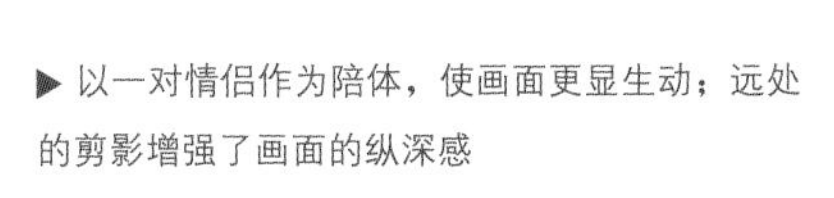

▶ 以一对情侣作为陪体，使画面更显生动；远处的剪影增强了画面的纵深感

表现蜿蜒流转的河流

河流和小溪一般总是弯弯曲曲地向前流淌着，因此要拍摄河流、小溪，S形曲线构图是最佳选择，S形曲线本身就具有蜿蜒流动的视觉感，能够引导观看者的视线随S形曲线蜿蜒移动。S形构图还能使画面的线条富于变化，呈现出舒展的视觉效果。

拍摄时摄影师应该站在较高的位置上，以俯视的角度、采用长焦镜头，从河流、小溪经过的位置寻找能够在画面中形成S形的局部，这个局部的S形有可能是河道形成的，也有可能是成堆的鹅卵石、礁石形成的，从而使画面产生流动感。

▲ 利用S形构图来拍摄山间的河流，河流看上去更加舒展、自由，同时画面也颇有曲线之美

焦　　距 ▷ 35mm
光　　圈 ▷ F5.6
快门速度 ▷ 1/200s
感 光 度 ▷ ISO100

清澈见底的水面

在茂密的山林间常能够见到清澈见底的小湖或幽潭，此时不仅能够看绿油油的水草在水里轻轻飘摇，还能够看到水底浑圆的鹅卵石。微风吹过，照射过来的阳光一束束地在水下闪烁，给人透彻心扉的清凉感觉。

如果想拍摄出这样漂亮的场景，需要在镜头前方安装偏振镜，以过滤水面反射的光线，将水面拍得清澈透明，使水面下的石头、水草都清晰可见。

构图时应注意水的旁边是否还有能够入画的景物，如远处的小山、水边的树木，将这样的景物安排在画面中，无疑能够使画面更美。

▲ 在拍摄清澈的水面时，使用偏振镜消除水面的反光，可得到透明感十分强的效果

焦　　距 ▷ 16mm
光　　圈 ▷ F16
快门速度 ▷ 0.6s
感 光 度 ▷ ISO200

飞溅的水花

想拍摄出“惊涛拍岸，卷起千堆雪”的画面，需要特别注意快门的速度。

较高的快门速度能够在画面中凝固浪花飞溅的瞬间，此时如果在逆光或侧逆光下拍摄，浪花的水珠就能够折射出漂亮的光线，使浪花看上去剔透真实。

如果快门速度稍慢，也能够捕捉到浪花拍击在礁石四散开去的场景，此时由于快门速度稍慢，飞溅开去的水珠会在画面中形成一条条白线，使画面极富动感。另外，拍摄时最好使用快门优先曝光模式，以便于设置快门速度。

▲ 高速快门拍摄的海景，海浪如珠玉迸飞，塑造了气势磅礴的景象

焦　　距 ▷ 300mm
光　　圈 ▷ F6.3
快门速度 ▷ 1/5000s
感 光 度 ▷ ISO800

拍出丝绢水流效果

较低的快门速度能够使水面呈现丝般的水流，如果时间更长一些，就能够使水面产生雾化的效果，为水面赋予了特殊的视觉魅力。拍摄时最好使用快门优先曝光模式，以便于设置快门速度。

在实际拍摄时，为了防止曝光过度，可以使用较小的光圈，以降低镜头的进光量，延长快门时间。如果画面仍然可能会过曝，应考虑在镜头前加装中灰滤镜，这样拍摄出来的瀑布、海面等水流是雪白的，有丝绸一般的质感。由于快门速度很慢，所以一定要使用三脚架拍摄。

▲ 三脚架与低速快门的配合使用，使海上的水流看上去比较柔滑

焦　　距 ▷ 27mm
光　　圈 ▷ F14
快门速度 ▷ 2s
感 光 度 ▷ ISO100

表现瀑布或海水的磅礴气势

世界的万事万物都是对立存在的，这种对立实际上也是一种对比。而通过已知事物的体量来推测对比认识未知事物的体量，正是人类认识事物的基本方法之一。

从摄影的角度来看，如果要表现出水面开阔宏大的气势，就要通过在画面中安排对比物来相互衬托。对比物的选择范围很广，只要是能够为观赏者理解、辨识、认识的事物均可，如游人、小艇、建筑等。

▲ 瀑布群与右下方的观景台形成鲜明的对比，凸显出其壮阔、浩大的声势。飘起的水雾与冷暖对比强烈的天空，给人一种如临仙境般的感受

焦　　距 ▷ 15mm
光　　圈 ▷ F13
快门速度 ▷ 2s
感 光 度 ▷ ISO100

拍摄漂亮的倒影

倒影是景物通过水面反射形成的一种光学现象。可以说，凡是有水的地方就会有倒影。

拍摄倒影要注意以下两个要点。

（1）被摄对象最好有一定的反差，外形又有分明的轮廓线条，这样水中的倒影就会格外明快醒目。

（2）阳光照射的方位对于倒影的效果也有着较大的影响。顺光下景物受光均匀，这种角度取景，可以得到影纹清晰并且色彩饱和的画面，但缺少立体感。逆光的时候，景物面对镜头之面受光少，大部分处于阴影下，因而影像呈剪影状，不但倒影本身不鲜明，而且色彩效果比较差。相比而言，侧光下景物具有较强的立体感和质感，同时也能够获得较为饱和的色彩影像。

▲ 远处山脉上的积雪尚未融化，湖面将树木、山脉的倒影呈现出来，得到明快色调的画面

焦　　距 ▷ 32mm
光　　圈 ▷ F11
快门速度 ▷ 1/250s
感 光 度 ▷ ISO200

拍摄经验：水面是否平静对画面中倒影的效果影响很大。水面越是平静，所形成的倒影越清晰，有时候可以形成倒影与实际景物几乎毫无二致的画面。特别是一些环境幽静、人迹罕至的水域，倒影更是迷人。

但如果有微风吹拂、水流潺动、鱼游鸟动、舟船荡漾等各种自然或人为因素的存在，倒影就会扭曲，在这种情况下拍摄时，要视水面波纹的大小而定是否还能够继续拍摄，如果波纹较小，可以通过调小光圈、延长曝光时间来减弱波纹对倒影的影响。

拍摄日出日落

获得准确的曝光

拍摄日出与日落较难掌握的是曝光控制，日出与日落时，天空和地面的亮度反差较大，如果对准太阳测光，太阳的层次和色彩会有较好的表现，但会导致云彩、天空和地面上的景物曝光不足，呈现出一片漆黑的景象；而若对准地面景物测光，会导致太阳和周围的天空曝光过度，从而失去色彩和层次。

正确的曝光方法是使用点测光模式，对准太阳附近的天空进行测光，这样不会导致太阳曝光过度，而天空中的云彩也有较好的表现。

拍摄经验：为了保险可以在标准曝光参数的基础上，增加或减少一挡或半挡曝光补偿多拍摄几张照片，以增加挑选的余地。如果没有把握，不妨使用包围曝光，以避免错过最佳拍摄时机。

一旦太阳开始下落，光线的亮度将明显下降，很快就需要使用慢速快门进行拍摄，这时若手持长焦镜头会很不稳定。因此，拍摄时一定要使用三脚架。拍摄日出时，随着时间推移，所需要的曝光数值会越来越小；而拍摄日落则恰恰相反，所需要的曝光数值会越来越高，因此在拍摄时应该注意随时调整自己的曝光数值。

▲ 这张照片在拍摄时使用了点测光方式，对太阳最亮的区域进行了测光

焦　距 ▷ 300mm
光　圈 ▷ F9
快门速度 ▷ 1/1000s
感 光 度 ▷ ISO100

兼顾天空与地面景物的细节

拍摄日出日落时，如果在画面中有地面的场景，由于天空与地面的亮度明暗反差较大，使天空与地面的细节无法被同时兼顾。

如果拍摄时将测光点定位在太阳周围较明亮的天空处，则会得到地面景物的剪影效果，即在地面上的景物较暗甚至为黑影。

而如果将测光点定位在地面上，则天空较亮处则会过曝，成为一片白色。

比较稳妥的方法是在测光时对准太阳周围云彩的中灰部，以兼顾天空与地面的细节。

如果按此方法仍然无法同时确保天空与地面的细节，则可以使用包围曝光的方法，拍摄三挡不同曝光效果的照片，然后用后期软件将三张照片合成在一起，从而增加画面的宽容度，使天空与地面均表现出良好细节。

▲ 天空与地面曝光均匀的画面，看起来更为协调，整体的美观程度更佳

焦　　距 ▷ 35mm
光　　圈 ▷ F16
快门速度 ▷ 1/15s
感 光 度 ▷ ISO100

利用长焦镜头将把太阳拍得更大

如果希望在照片中呈现体积较大的太阳，就要尽可能使用长焦距镜头。通常在标准的画面上，太阳只是焦距的1/100。因此，如果用50mm标准镜头拍摄，太阳的大小为0.5mm；如果使用200mm的镜头拍摄，则太阳大小为2mm；如果使用400mm长焦镜头拍摄，太阳的大小就能够达到4mm。

焦　　距 ▷ 200mm
光　　圈 ▷ F13
快门速度 ▷ 1/500s
感 光 度 ▷ ISO100

▶ 为了使太阳在画面中的面积更大，可使用焦距更长的镜头。在构图时可将太阳在水面长长的金色倒影加入画面，曝光时适当减少曝光补偿，以使画面的色彩更饱和

用小光圈拍摄太阳的光芒

为了表现太阳耀眼的效果，烘托画面的气氛，增加画面的感染力，可在镜头前加装星芒镜达到星芒的效果。如果没有星芒镜还可以缩小光圈进行拍摄，通常需要选择f/16~f/32的小光圈，较小的光圈可以使点光源出现漂亮的星芒效果。

拍摄经验：光圈越小，星芒效果越明显。如果采用大光圈，光线会均匀分散开，无法拍出星芒效果。

另外，拍摄时使用的光圈也不可以过小，否则会由于光线在镜头产生衍射现象导致画面质量的下降。

▲ 星芒状的太阳是画面的视觉兴趣点，将夕阳下的海景画面点缀得很新颖

焦　　距 ▷ 17mm
光　　圈 ▷ F22
快门速度 ▷ 1/60s
感 光 度 ▷ ISO200

拍摄要点：

非恒定光圈的变焦镜头往往在长焦端可以设置比广角端更小的光圈，因此可以充分利用这一特性，使用小光圈来拍摄太阳。

使用长焦镜头时，光线长时间直射进相机，可能对相机部件及眼睛产生损害，因此要特别注意把握拍摄的时间。

破空而出的霞光

如果太阳的周围云彩较多，则当阳光穿透云层的缝隙时，透射出云层的光线会表现为一缕缕的光芒。如果希望拍摄到这样透射云层的光线效果，应尽量选择小光圈，并通过做负向曝光补偿提高画面的饱和度，使画面中的光芒更加夺目。

▲ 光线透过云彩向外发散，使用点测光对云层的中灰部测光后，降低曝光补偿使光线的投射效果更加强烈

焦　　距 ▷ 17mm
光　　圈 ▷ F10
快门速度 ▷ 1/180s
感 光 度 ▷ ISO400

拍摄山川

用独脚架便于拍摄与行走

在拍摄山川的时候，如果使用脚架，可使拍摄更稳定、图像效果更清晰，以避免由于手部动作导致照片发虚。其中，独脚架携带起来比较省力，方便在山川间行走。

拍摄经验：如果在较高处俯视拍摄山脉，由于海拔较高的地方往往风大、温度低，因此拍摄时应该使用坚固的三脚架，以保证相机的稳定性。另外，由于在温度较低的环境下拍摄时，电池消耗的速度很快，所以在保证稳定性的同时要注意为相机保温。

▲ 在山间行走拍照时，独脚架的使用会让照片更加稳定清晰

焦　距 ▷ 22mm
光　圈 ▷ F11
快门速度 ▷ 1/320s
感光度 ▷ ISO250

表现或稳重大气或险峻嶙峋的山体

三角形是一种非常稳定的形状，能够给人向上突破的感觉，结合山体造型采用三角形构图拍摄大山，在带给画面十足稳定感之余，还会使观者感受到一种较强的力度感，在着重表现山体稳定感的同时，更能体现出山体壮美、磅礴的气势。

如果希望表现险峻嶙峋的山体，可以选择斜线构图形式，拍摄时可以用中长焦镜头从要拍摄的山体上截取一段，在画面上体现斜线构图的效果。

▲ 使用三角形构图拍摄长城，将长城表现得稳重且大气磅礴

焦　距 ▷ 20mm
光　圈 ▷ F7.1
快门速度 ▷ 1/20s
感光度 ▷ ISO100

用山体间的V字形表现陡峭的山脉

如果要表现陡峭的山脉，最佳构图莫过于V形构图，这种构图中的V形线条由于能够在视觉上产生高低视差，因此当欣赏者的视线按V形视觉流程在V形的底部即山谷与V形的顶部即山峰之间移动时，能够在心理上对险峻的山势产生认同感，从而强化画面要表现的效果。

拍摄经验：在拍摄时要特别注意选取能够产生深V的山谷，而且在画面中最好同时出现2~3个大小、深浅不同的V形，以使画面看上去更活跃。

▲ 以V字形构图进行拍摄，两侧的山体给人以压迫感，突出山势的陡峭

拍摄要点：

使用偏振镜过滤水面及环境中的杂光，使画面的色彩更纯净，水面更清澈，水面的倒影也更加清晰。

使用单个对焦点对中间的山峰进行对焦，并设置较小的光圈进行拍摄，以获得足够的景深，使前景与背景都足够清晰。

由于环境整体较暗，因此应适当降低0.7挡左右的曝光补偿，使山体能够获得较好的曝光结果，同时还要保证山上的白雪获得充足的曝光。

用云雾渲染画面的意境

高山与云雾总是相伴相生，各大名山的著名景观中多有“云海”，例如黄山、泰山、庐山，都能够拍摄到很漂亮的云海照片。

云雾笼罩山体时其形体就会变得模糊不清，在隐隐约约之间，山体的部分细节被遮挡，在朦胧之中产生了一种不确定感，拍摄这样的山脉，会使画面产生一种神秘、缥缈的意境。

此外，由于云雾的存在，使被遮挡的山峰与未被遮挡部分产生了虚实对比，画面由于对比而产生了更强的欣赏性。

▲ 在这3幅照片中，画面中包含了不同面积的云雾，其共同特点就是以前景来让画面显得更为特别，在云雾的衬托下，渲染出神秘、灵秀的画面气氛

拍摄经验：如果只是拍摄飘过山顶或半山的云彩，只需要选择合适的天气即可，云在风的作用下，会与山产生时聚时散的效果，拍摄时多采用仰视的角度。如果以蓝天为背景，可以使用偏振镜，将蓝天拍摄得更蓝一些；如果拍摄的是乌云压顶的效果，则应该注意做负向曝光补偿，以对乌云进行准确曝光。

反之，如果笼罩山体的是薄薄的云层，则可视其面积大小做正向曝光补偿，以使画面看上去更清秀、淡雅。如果拍摄的是山间云海的效果，应该注意选择较高的拍摄位置，以平视或俯视的角度进行拍摄，光线方面应该采用逆光或侧逆光，同时注意对画面做正向曝光补偿。

塑造立体感

当侧光照射在表面凹凸不平的物体表面时，会出现明显的明暗交替光影效果，这样的光影效果使物体呈现出鲜明的立体感以及强烈的质感。

要为山体塑造立体感，最佳方法莫过于利用侧光进行拍摄。要采用这种光线拍摄山脉，应该在太阳还处在较低的位置时进行拍摄，这样即可获得漂亮的侧光，使山体由于丰富的光影效果而显得极富立体感。

▲ 以侧光方式拍摄山峰，可以突出展现山峰的险峻，增加山峰的立体感

焦　　距 ▷ 230mm
光　　圈 ▷ F9
快门速度 ▷ 1/200s
感 光 度 ▷ ISO100

在逆光、侧逆光下拍出有漂亮轮廓线的山脉

在逆光或侧逆光下拍摄山脉，往往是为了在画面中体现山脉的轮廓线，画面中山体的绝大部分处在较暗的阴影区域，基本没有细节，拍摄时要注意通过选用长焦或广角等不同焦距的镜头，捕捉山脉最漂亮的轮廓线条。拍摄的时间应该在天色将暗时进行，此时天空的余光能够让天空中的云彩为画面添色。

在侧逆光的照射下，山体往往有一部分处于光照之中，不仅能够表现出明显的轮廓线条、显现山体的少部分细节，还能够在画面中形成漂亮的光线效果，因此是比逆光更容易出效果的光线。

▲ 逆光角度拍摄的群山看起来非常具有层次感

焦　　距 ▷ 30mm
光　　圈 ▷ F7.1
快门速度 ▷ 1/2s
感 光 度 ▷ ISO100

拍摄经验：拍摄时应适当降低曝光补偿，以使暗调的山体轮廓感更明显。

第12章

植物摄影

拍摄花卉

拍摄大片的花丛

拍摄花丛的重点是要表现出大片花丛的整体美，不但要拍摄到无数的花朵，花朵下方的枝叶也要同时有所表现。为了让画面中的景物都能较清晰地再现，最好选择中等或更小的光圈，这样才能获得较大的景深，当然使用广角镜头会有更佳的表现。

拍摄花丛常用的构图方式是散点构图，就是画面中没有明显的主体，画面中各元素都是以并列关系出现的；也可以选择放射线构图，能获得较强的透视感；如果是在公园拍摄花卉，则可以根据公园中花卉的各种规律形状直接构图。无论哪种构图方式，在取景时最好不要拍摄到花丛的边缘，这样就能给人一种四周还无限宽广的视觉印象。

▲ 大片的花丛、轻微的薄雾，渲染出纯净、唯美的气氛

焦　　距▷30mm
光　　圈▷F11
快门速度▷2.5s
感 光 度▷ISO100

拍摄花卉特写

以微观的手法表现人们熟悉的东西，会给人们带来陌生又熟悉的感觉，形成十分有冲击力的视觉效果。所以，要使花卉照片与众不同，可以尝试使用微距镜头拍摄，拍摄时要注意选择花朵最有代表性的精美局部，例如，花蕊通常在花朵的深处，不易在日常欣赏中观察到，可以考虑采用微距的手法进行拍摄。

拍摄这样的画面，由于景深非常浅，很轻微的抖动也会造成对焦不准，所以拍摄时一定要使用三脚架，这样有利于精准对焦，拍摄出清晰的照片。

▲ 浅景深可以得到特写的花朵画面，将其娇媚的特质表现得很好

焦　　距▷180mm
光　　圈▷F5
快门速度▷1/100s
感 光 度▷ISO100

红花需用绿叶配

俗话说“好花还需绿叶配”，在拍摄花朵时，如果条件允许，可以尝试以叶片作为背景或陪体来衬托花朵的娇艳。

所谓万绿丛中一点红，红得耀眼、红得夺目，这红与绿的配搭便是色彩对比的典型，无论是大面积绿色中的红色，还是大面积红色中的绿色，较小面积的颜色均能够在其周围大面积的对比色中脱颖而出。

在拍摄花卉时可通过构图刻意将具有对比关系的花朵与其周围的环境安排在一起，从而突出花卉主体。例如，可以用红和绿、蓝和橘、紫和黄等有对比关系的颜色使画面的对比更强烈，主体更突出。

▲ 根据红色的对比色是绿色，于是选择了绿色的背景来突出红花的娇艳，得到颜色鲜艳的画面效果

焦　　距 ▷ 100mm
光　　圈 ▷ F3.5
快门速度 ▷ 1/500s
感 光 度 ▷ ISO100

拍摄要点：

使用镜头的长焦端以尽可能大的光圈进行拍摄，从而在拍摄花朵特写的同时，以浅景深突出主体。

使用点测光模式对浅色花瓣进行测光，然后按下AE-L/AF-L 按钮以锁定曝光。

使用单次伺服自动对焦模式，使用单个对焦点对花蕊进行对焦。

可适当增加0.7挡的曝光补偿，使花朵看起来更加鲜艳。

在当前环境下，使用“阴天”白平衡，可使画面中的花朵及绿叶的色彩更加浓郁。

用超浅景深突出花朵

超浅景深是比小景深更浅的一种景深，通常在整个画面中保持清晰的只有很小的一部分，其他区域均是模糊的。

相对于在拍摄背景杂乱的场景时，使用小景深简化画面的作用，超浅景深也可以用于虚化主体之外的杂乱背景或不美观的花朵局部，例如当一朵花除了某一个花瓣，其余部分均有虫洞或破损时，就可以采用这种手法只拍摄具有漂亮外观的花瓣，而使其他的地方均呈现为虚化的状态。

要拍摄出具有超浅景深的画面，必须使用微距镜头或为有近摄功能的镜头加接近摄滤镜，这样才可以拍摄出超浅景深的画面。

▲ 使用镜头的长焦端搭配较大的光圈，将花朵以外的元素进行虚化，使花朵更突出。侧光照射下，更显花朵的立体感与透明感

▼ 拍摄时使用大光圈来获得较浅的景深，使绿色的叶子形成朦胧的背景，蓝色的花朵在环境中表现得十分突出

用亮或暗的背景突出花朵

大面积暗色调中的小部分亮色调会显得格外突出，大面积亮色调中的小部分暗色调也会吸引观众的目光。

拍摄花卉时，可以利用这种色调之间的对比关系，通过暗调的环境或陪体映衬出色调比较亮的花卉，反之亦然。在深暗背景中的花卉显得神秘，主体非常突出；而在浅亮背景画面中的花卉，则显得简洁、素雅，有一种很纯洁的视觉感受。

暗调与亮调背景的极端情况是黑色与白色的背景，在自然中比较难找到这样的背景，但摄影师可以通过随身携带黑色与白色的背景布，在拍摄时将背景布挂在花朵的后面来实现这一点。

另外，如果被摄花朵正好处于受光较好的状态，而背景是在阴影状态下，此时使用点测光对花朵亮部进行测光，这样也能拍摄到背景几乎全黑的照片。

▲ 使用深色背景拍摄花朵，荷花显得更加醒目且圣洁

焦　　距 ▷ 340mm
光　　圈 ▷ F8
快门速度 ▷ 1/1000s
感 光 度 ▷ ISO400

焦　　距 ▷ 50mm
光　　圈 ▷ F2.8
快门速度 ▷ 1/200s
感 光 度 ▷ ISO400

▼ 纯净的亮的背景有效地烘托出花卉高贵、典雅的气质，使画面整体感觉素净、简洁

逆光突出花朵的纹理

花朵有不同的纹理与质感，在拍摄这些花朵时不妨使用逆光拍摄，使花瓣在画面中表现出一种朦胧的半透明感，突出了花朵的纹理。拍摄此类照片应选择那些花瓣较薄的花朵，否则透光性会比较差。

逆光拍摄时，除了能够表现花瓣的纹理与质感，如果环境光线不强，还能够通过使用点测光的方法，将花朵在画面中处理为逆光剪影效果，以表现花朵优秀的轮廓线条，拍摄时注意要做负向曝光补偿。

▲ 以较低的角度拍摄逆光下的花瓣，以表现其细节纹理，也使其看起来更加美观

焦　　距 ▷ 125mm
光　　圈 ▷ F3.2
快门速度 ▷ 1/400s
感 光 度 ▷ ISO100

仰拍更显出独特的视觉感受

如果要拍摄的花朵周围环境比较杂乱，采用平视或俯视的角度很难拍摄出漂亮的画面，则可以考虑采用仰视的角度进行拍摄，此时由于画面的背景为天空，因此很容易获得背景纯净、主体突出的画面。

如果花朵的位置较高，比如生长在高高的树枝上的梅花、桃花，拍摄起来比较容易。

如果花朵生长在田原、丛林之中，如野菊花、郁金香等，为了获得足够好的拍摄角度，可能要趴在地上将相机放得很低。

而如果花朵生长在池塘、湖面之上，如荷花、莲花，则可能无法按这样的拍摄技巧操作，需要另觅他途。

▲ 以蓝天为背景采用仰视角度拍摄花朵，将其衬托得十分高大，给人以独特的视觉感受

焦　　距 ▷ 35mm
光　　圈 ▷ F2.5
快门速度 ▷ 1/1250s
感 光 度 ▷ ISO100

拍摄树木

用逆光拍摄树木独特的轮廓线条美

每一棵树都有独特的外形，或苍枝横展，或垂枝婀娜，这样的树均是很好的拍摄题材，摄影师可以在逆光的位置观察这些树，找到轮廓线条优美的拍摄角度。

拍摄时如果太阳的角度不太低，则应该注意不仅要在画面中捕捉到被拍摄树木的轮廓线条，还要在画面的前景处留出空白，以安排林木投射在地面的阴影线条，使画面不仅有漂亮的光影效果，还能够呈现较强的纵深感。

为了确保树木能够呈现为剪影效果，拍摄时应该用点测光模式对准光源周围进行测光，以获得准确的曝光。

▲ 侧逆光下拍摄的剪影，完美地表现出了大树的枝干形态

拍摄要点：

相对于山川、瀑布等大型风景而言，树木可以说是比较小的拍摄对象，因此完全可以带着相机寻找逆光的方向来表现其剪影之美。

使用点测光模式对天空区域进行测光，然后按下AE-L/AF-L按钮以锁定曝光，再进行构图、对焦、拍摄。

为获得更好的蓝天与剪影效果，通常可以降低0.7~1.3挡的曝光补偿，使天空更蓝，树木的剪影也更纯粹。

以放射式构图拍摄穿透树林的阳光

当阳光穿透树林时，由于被树叶及树枝遮挡，会形成一束束透射到林间的光线，这种光线被称为“耶稣圣光”，能够为画面增加一种神圣感。

要拍摄这样的题材，最好选择清晨或黄昏时分，此时太阳斜射向树林中，能够获得最好的画面效果。

在实际拍摄时，可以迎向光线用逆光进行拍摄，也可以与光线平行用侧光进行拍摄。

在曝光方面，可以以林间光线的亮度为准拍摄出暗调照片，衬托林间的光线；也可以在此基础上，增加1~2挡曝光补偿，使画面多一些细节。

▲ 在空气清新的早晨，透过林间的光线四射开来，摄影师以放射性构图拍摄这一场景，画面看上去很有神圣感

焦　　距 ▷ 28mm
光　　圈 ▷ F16
快门速度 ▷ 1/20s
感 光 度 ▷ ISO100

表现树叶的半透明感

在对树木进行特写拍摄时，除了对树木的表皮或枝干等进行特写拍摄之外，将镜头对准形状各异、颜色多变的树叶也是不错的选择。

拍摄树叶时，为了将它们晶莹剔透的特性（也即半透明性质）表现出来，常常需要采用逆光拍摄，将它们优美的轮廓线展现在观者面前。

▲ 使用逆光光源拍摄树叶时，其晶莹剔透的质感被表现得格外突出

焦　　距 ▷ 200mm
光　　圈 ▷ F5
快门速度 ▷ 1/800s
感 光 度 ▷ ISO320

拍摄铺满落叶的林间小路

曲径通幽是对弯曲小路的描述，要拍摄这种小路，最佳的时间是秋季，最佳的环境是小路两旁有林立的树木，这样在晚秋时节，路面上就会飘落许多红色或金黄色的树叶，走在这样的小路上让人感觉到温暖与亲切。拍摄时注意选择有S形弯折的小路，这样在构图时就能够使用C形或S形构图将小路表现得曲折、蜿蜒，使画面更有情趣。

▲ 采用小光圈模式拍摄林间洒满落叶的小路，画面中晚秋的氛围十分浓厚，给人一种自然亲切的感觉

焦　　距▷ 30mm
光　　圈▷ F8
快门速度▷ 1/200s
感 光 度▷ ISO200

表现火红的枫叶

要拍摄火红的枫叶，要选择合适的光位。

在顺光条件下，枫叶的色彩饱满、鲜艳，有很强烈的视觉效果，为了使树叶的色彩更鲜艳，可以在拍摄时使用偏振镜，减弱叶片上反射的杂光。

如果选择逆光拍摄，强烈的光线会透过枫叶，使枫叶看起来更纯粹、剔透。

拍摄时使用广角镜头有利于表现漫山红遍的整体气氛，而长焦镜头适合对枫叶进行局部特写表现。此外，还可以将注意力放在地上飘落的枫叶上，也能获得与众不同的效果。

▲ 摄影师使用长焦镜头拍摄晚秋时节的火红枫叶，其色彩饱满、艳丽、视觉感强烈

焦　　距▷ 200mm
光　　圈▷ F5.6
快门速度▷ 1/250s
感 光 度▷ ISO400

第13章

「人像摄影」

人像摄影的对焦技巧

人的眼睛最能反映人物的心理，也就是说眼神最能体现人物的心灵世界，因此拍摄时对准人物的眼睛对焦，会拍摄出神形兼备的肖像照片。

通过观摩人像摄影佳片就能够看出，这些照片中人像的眼睛部分是最清晰的，这也是许多人像摄影作品成功的秘诀之一。

拍摄经验：拍摄正面人像时，应该引导被摄者将脸微微旋转一定的角度，这样拍摄出来的画面看上去更立体。对于大部分女性而言，这样的角度能够使其面部看上去更纤瘦一些。

拍摄要点：

使用点测光模式对人物的皮肤进行测光，并按AE-L/AF-L按钮锁定曝光，然后再进行对焦、构图并拍摄。

使用单个对焦点对人物的眼睛进行对焦并拍摄。

适当增加0.7挡的曝光补偿，以更好地表现人物的皮肤质感。

使用尽可能大的光圈，以虚化人物以外的景物，使主体更为突出。

焦　　距 ▷ 90mm
光　　圈 ▷ F3.5
快门速度 ▷ 1/500s
感 光 度 ▷ ISO100

◀ 以人物的眼睛作为焦点，配合大光圈的虚化作用，使人物主体更加突出

拍出背景虚化人像照片的4个技巧

景深是指画面中主体景物周围的清晰范围。通常将清晰范围大的称为大景深，清晰范围小的则称为小景深。人像摄影中以小景深最为常见，小景深能够更好地突出主体、刻画模特。

▲ 使用大光圈将背景虚化，并倾斜相机形成斜线构图，在使人物突出的同时增强了画面的延伸感

增大光圈

光圈越大（如F1.8、F2.4），光圈数值越小，景深越小；光圈越小（如F18、F22），光圈数值越大，景深越大。要想获得浅景深的照片，首先应考虑使用大光圈进行拍摄。

增加焦距

镜头的焦距越长，景深越小。焦距越短，景深越大。根据这个规律，如果希望获得较小的景深，需要使用具有较长焦距的镜头，并在拍摄时尽量使用长焦焦段，这样拍摄时可以得到较小的景深，虚化掉不利的画面因素，使画面有种明显的虚实对比，突出被摄者。

▲ 使用长焦镜头进行拍摄，背景得到很好的虚化，使人物主体非常突出

减少与人之间的距离

想要获得浅景深，让背景得到虚化，最简单的方法就是在人和背景距离保持不变的情况下，让相机靠近模特。这样可以轻易获得浅景深的效果，人物较突出，背景也得到了自然虚化。

增大人与背景的距离

改变人与背景间的距离，也是获得浅景深的方法之一。简单来说，人离背景越远，就越容易形成浅景深，从而获得更大的虚化效果。

▲ 靠近主体拍摄的画面，主体占画面的面积增大，从而减少了背景的面积，景深自然变浅

表现修长的身材拍摄技巧

运用斜线构图形式

斜线构图在人像摄影中经常用到。当人物的肢体以斜线的方式出现在画面中，并占据画面足够的空间时，就形成了斜线构图方式。斜线构图所产生的拉伸效果对于表现女性修长的身材具有非常不错的效果。

▲ 使用斜线构图表现身体前倾的女孩，使其身材显得更加修长，瞬间凝固的动作也使画面很有动感效果

焦　　距▶ 85mm
光　　圈▶ F4
快门速度▶ 1/800s
感 光 度▶ ISO200

用仰视角度拍摄

仰视拍摄即从下往上的拍摄手法，可以使被摄人物的腿部更显修长，将被摄人物的身形拍摄得更加苗条。

此外，仰视拍摄还可以避开地面上杂乱的背景，把天空拍进画面中，简化背景美化画面。利用天空作为背景，不仅为观者带来舒畅感，也为画面注入了更多的色彩。

▲ 采用仰视角度拍摄美女，其身材显得更加苗条，也增强了画面的表现力

焦　　距▶ 24mm
光　　圈▶ F9
快门速度▶ 1/100s
感 光 度▶ ISO500

人像摄影中的景别运用技巧

用特写景别表现精致的局部

特写构图以表现被摄人物的面部特征为主要目的，而且通常都是将人物充满整个画面，因此非常容易突出主体，在表现五官细节、刻画人物表情等方面的作用较为突出。

在拍摄人物特写时，最好是使用中长焦距的镜头，这样相机与被摄人物的距离可以稍微远一些，不容易产生透视变形的现象。

在各种化妆品广告摄影作品中，这种景别的作品屡见不鲜，更有一些超特写的景别，即针对眼睛、嘴唇等局部进行拍摄，从而形成极强的视觉冲击力。

在进行特写拍摄时，要求模特的面部必须“经得起”特写，对人物的皮肤、表情等都具有较高的要求，也就是说模特的面部不能有明显的缺陷，否则用特写的方法反而会突出其面部的缺陷。

▲ 通过对面部进行特写拍摄，很好地表现出其头上夸张的装饰物以自然的笑容等表情，给人以清新、唯美的视觉感受

拍摄经验：即使是专业的模特，也无法长时间保持自然的面部表情，因此摄影师在拍摄时，尤其是在拍摄人物特写时，最好能够使用连拍模式多拍摄几张，以尽最大可能成功记录下人物最自然、最生动的瞬间表情。

半身人像突出特点

半身人像是最为常见的一种人像景别。这种景别拍摄的是被摄对象的腿部以上，比特写包含更多的环境元素，同时能够比较好地表现人物的姿态。拍摄半身人像时要注意人物的头部和身体尽量不要在直线上，以避免照片中的人像看上去显得呆板、拘谨。

拍摄时要注意选择合适的背景，如果要使人像有青春靓丽的感觉，就应该选择浅色背景，例如淡绿色或白色等；如果要表现人物忧郁、含蓄，可以选择颜色较深暗的背景。另外，还可以通过选择有透视效果的背景来扩展画面的空间感。

拍摄经验：为了使自己在画面中有显著的瓜子脸效果，许多人在拍照时故意将头往下压，但实际上这样做最容易出现双下巴，脸也会显得比较胖。正常的方法是，当拍摄人的正面时，引导其将脖子往前伸，虽然从侧面看这种姿势很怪，但拍出来的画面非常不错，脸会显得小一些，而且也不会出现双下巴。

▲ 对女孩进行半身拍摄时，其面部微笑的表情及双手抱头的优雅姿势表现得很好

焦　　距 ▶ 90mm
光　　圈 ▶ F3.5
快门速度 ▶ 1/500s
感 光 度 ▶ ISO200

用全景人像拍好环境人像

全景人像涵盖了被摄人物脚部在内的整个身体面貌，通常用于表现人像与环境的关系或以环境衬托表现人物。

在拍摄时，要特别注意人物与背景之间的搭配关系，例如，人物表情、服装、道具等方面都要与环境相匹配，否则人像会在环境中显得很突兀。

拍摄全景人像的一个误区是在拍摄时用大光圈虚化背景，但实际上这样会减弱环境对人像的衬托作用，因此在拍摄时不可使用过大的光圈，以避免环境与人像无法产生联系。

拍摄经验：拍摄全身人像时，如果想使人物的身材在画面中看起来更修长，可以使用广角镜头由下往上以仰视的角度拍摄。如果拍摄的是身着婚纱的新娘，使用这种手法可以使婚纱看上去更奢华；如果拍摄的是身材苗条的人物，按此方法拍摄出来的人物身体看上去会显得更加细长、苗条。

▲ 以全景景别完整地记录了人物的全身姿态，与周围的场景环境融为一体，给人自然、清新的视觉感受

焦　　距 ▷ 24mm
光　　圈 ▷ F7.1
快门速度 ▷ 1/1250s
感 光 度 ▷ ISO100

依据景别将人像安排在三分线上

三分法构图利用了黄金分割构图的定律，在其基础之上进行简化。三分法构图有横向三分法和纵向三分法之分。它把画面分为三等份，每一份中心都可放置主体形态，构图精练，能够鲜明地表现主题。

三分构图法在人像摄影中是最常用也是最实用的构图方法，这种构图可以给观者视觉上的愉悦感和生动感。拍摄竖画幅画面时，可将人物的头部放在黄金分割上，更能突出主体，会在读者心理上形成人物与背景相结合的效果。

拍摄横画幅画面时，将人物主体置于三分线上，如果人物是侧脸或3/4侧脸，可在人物视线方向留白，这样可以使人物视线方向的空间得以延伸，让观者对人物视线方向的内容产生遐想，不至于让画面产生拥挤、堵塞的感觉。如果人物视线看向镜头，可在画面的另一侧安排环境或陪体，这种构图形式易引起观者的注意和兴趣，在视觉上给人精致、生动的感受。

▲ 人物头部被安排在黄金分割点上

▲ 人物被安排在三分线上

焦　　距 ▷ 135mm
光　　圈 ▷ F3.2
快门速度 ▷ 1/160s
感 光 度 ▷ ISO100

◀ 使用三分法构图进行拍摄，人物在画面中的位置显得更加自然、面部微妙的表情进一步得到了重点表现

必须掌握的人像摄影补光技巧

用反光板进行补光

户外摄影通常以太阳光为主光，在晴朗的天气拍摄时，除了顺光外，在其他类型的光线下拍摄的人像明暗反差基本都比较明显，因此要使用反光板对阴暗面进行补光（即起辅光的作用），以有效地减小反差。

当然，反光板的作用不仅仅局限在户外摄影，在室内拍摄人像时，也可以利用反光板来反射窗外的自然光，比如在专业的人像影楼里，通常都会选择数只反光板来起辅助照明的作用。

▲ 用反光板进行辅助补光，使人物获得更加均匀的光照，完美地表现了人物白皙、细腻的皮肤，给人以柔美的视觉感受

焦　　距 ▷ 50mm
光　　圈 ▷ F8
快门速度 ▷ 1/320s
感 光 度 ▷ ISO100

知识链接：认识反光板

一般的反光板有四面，包括黑面、白面、金面和银面，可以根据拍摄要求来选择。如果想要反射的光线更温暖，可以采用金面；如果想要更冷一点的反射光线，则可以选择银面。

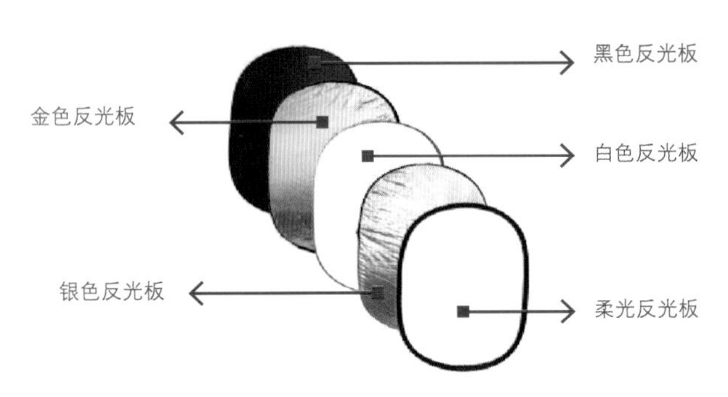

▲ 使用反光板打光的工作场景

利用闪光灯跳闪技巧进行补光

所谓跳闪，通常是指使用外置闪光灯，通过反射的方式将光线反射到拍摄对象上，最常用于室内或有一定遮挡的人像摄影中，这样可以避免直接对拍摄对象进行闪光，造成光线太过生硬，且容易形成没有立体感的平光效果。

在室内拍摄人像时，常常需要通过调整闪光灯的照射角度，让其向着房间的顶部进行闪光，然后将光线反射到被摄人物身上，这在人像摄影中是最常见的一种补光形式。

▲ 使用外置闪光灯向屋顶照射光线，再反射到人物身上进行补光，生硬的闪光灯光线就变成柔和的散射光，使人物的皮肤显得更加细腻、自然，整体感觉也更为柔和

焦　距 ▷ 85mm
光　圈 ▷ F5.6
快门速度 ▷ 1/125s
感 光 度 ▷ ISO400

利用慢速同步拍摄出漂亮的夜景人像

夜景人像是摄影师常常要拍到的题材。在拍摄时如果不使用闪光灯往往会因为快门速度过慢而使图片出现模糊。使用闪光灯又会因为画面曝光时间太短而出现人物很亮、背景很暗的问题。最好的解决办法是使用相机的慢速闪光同步功能。

这时候人物的曝光量仍然由闪光灯自行控制，不但人物主体可以得到合适曝光，同时由于相机的快门速度设置得较慢，从而使画面中的背景也得到合适的曝光。举例来说，正常拍摄时使用F5.6、1/200s、ISO100 的曝光组合配合闪光灯的TTL 模式，拍摄出来的图片人物曝光正常，而背景显得较黑。

将快门速度改变为1/2s，别的所有参数都不变，则可以得到人物和背景曝光都正常的夜景人像图片。

这是因为人物的曝光量主要受闪光灯影响，而闪光灯的曝光量和快门速度无关，所以人物可以得到正常的曝光，同时由于曝光时间控制为1/2s秒，在这段时间内画面的背景持续处于曝光状态，因此画面的背景也能够得到合适的曝光。

值得注意的是，选择这种模式拍摄时需要使用三脚架，否则很容易因为相机的抖动把照片拍模糊。

拍摄经验：使用闪光灯补光时，既可以选择闪光灯前帘同步闪光模式，也可以选择闪光灯后帘同步闪光模式。但通常模特看到闪光灯闪过之后，就会认为拍摄已经结束而开始移动（其实，如果曝光时间较长，则快门可能还没有关闭），在画面中容易造成虚影的效果。因此，当使用闪光灯进行补光，而且快门速度较慢（曝光时间较长）时，应该使用闪光灯后帘同步闪光模式，使闪光灯在曝光结束时闪光。

◀ 拍摄夜景人像时，可用闪光灯对人物补光，采用前帘同步的慢速摄影设置，使人物还原正常，背景也得到了适当的曝光量

焦　　距 ▶ 24mm
光　　圈 ▶ F7.1
快门速度 ▶ 1/200s
感 光 度 ▶ ISO100

▲ 拍摄夜景人像时，使用闪光灯对人物补光，人物还原正常，但是背景显得比较黑

用压光技巧拍出色彩浓郁的环境人像

压光是指压低、减少充足的自然光，这种技巧常用于在光线充足的白天拍出阴天或黄昏时分画面阴暗的效果，换言之就是通过这种拍摄技法，使人像的背景曝光相对不足，而前景的人物曝光却仍然是正常的。

拍摄的方法是将光圈缩小至F16左右（此数值可灵活设置），但快门速度并不降低（或仅降低一点，此处也需要视拍摄环境的背景亮度灵活确定），ISO数值也不必提高，因为如果在拍摄时完全按这样的曝光参数组合拍摄，得到的照片肯定比较暗。因此，最重要的一个步骤就是，在拍摄时使用闪光灯对前景处的人像进行补光，以加大背景与人像的明暗差距。

由于照片的背景曝光效果取决于光圈、快门速度、感光度这三个要素，因此拍摄出来的照片背景会由于曝光相对不足而显得色彩浓郁、厚重，而前景处的人像由于有闪光灯补光，因此曝光正常。

焦　　距▷100mm
光　　圈▷F2.8
快门速度▷1/100s
感 光 度▷ISO100

▶ 拍摄人像时用闪光灯为人物补光，人物曝光正常，背景的树林因为减少了曝光而变得色彩更加浓郁，从而使人物在画面中更突出

侧逆光表现身体形态

使用侧逆光拍摄人像，人物面部的受光面积比较小，人物两侧会形成非常漂亮的轮廓光，从而勾勒出人物身体轮廓或迷人的头发线条。尤其是当太阳升起或落下时，其光线呈金黄色，会使侧逆光勾勒的轮廓线更加突出。

拍摄经验：尽量压低视角，减少天空区域的取景，以避免由于光照强烈，导致天空区域了现大面积的死白问题。

环境中的光线较为强烈，在进行不同的取景时，会对曝光结果产生较大的影响，因此应先使用点测光模式对人物的皮肤进行测光，并适当增加一定的曝光补偿，使人物皮肤得到较好的呈现，在试拍样片确定得到满意的曝光后，即可切换至手动曝光模式，按照正确的曝光参数进行设置并拍摄即可。

▲ 使用侧逆光光线拍摄女孩，光线为女孩的身体勾勒出了非常漂亮的轮廓光，十分迷人

焦　　距▷50mm
光　　圈▷F2
快门速度▷1/125s
感 光 度▷ISO100

利用点测光模式表现细腻的皮肤

对于拍摄人像而言，皮肤是需要重点表现的部分，要表现细腻、光滑的皮肤，测光是非常重要的一步。

准确地说，拍摄人像时应采用点测光模式对人物的皮肤进行测光。具体操作方法是，在单次伺服自动对焦模式下，将测光模式切换为点测光模式。将自动对焦区域模式切换为单点对焦区域模式。测光时将相机的对焦点对准模特的皮肤，以获得点测光模式下的曝光参数，按AE-L/AF-L按钮锁定曝光参数。最后，重新进行构图、对焦，直至完成拍摄操作。

在拍摄时可以适当增加半挡或2/3挡的曝光补偿，让皮肤显得白皙、细腻。

▲ 在柔光区域使用点测光模式对模特的皮肤进行测光，皮肤得到了十分细腻、柔滑的效果

焦　　距 ▷ 50mm
光　　圈 ▷ F2.8
快门速度 ▷ 1/400s
感 光 度 ▷ ISO100

塑造眼神光让人像更生动

眼神光是指人像眼睛中闪亮的光斑。在人像摄影作品中，眼神光有非常重要的作用，漂亮的眼神光能够使照片中的人物看上去更具神采。

在户外拍摄时，天空中的自然光就能在人物的眼睛上形成眼神光，如果效果不够理想，可以利用反光板来形成眼神光，通常反光板的大小决定了模特眼睛中眼神光斑点的大小。

如果是在室内人造光源布光，则主光通常采用侧逆光位，辅光照射在人脸的正前方，用边缘光打出眼神光。

焦　　距 ▷ 50mm
光　　圈 ▷ F2.5
快门速度 ▷ 1/250s
感 光 度 ▷ ISO100

▶ 眼睛是内心感情向外流露的窗口，以俯视角度拍摄并对女孩儿的眼神光进行塑造，女孩看起来神韵十足且妩媚动人

第 14 章

儿童摄影

使用长焦镜头进行拍摄

为了避免孩子受摄影师影响，最好使用长焦镜头，这样可以在尽可能不影响他们的情况下，拍摄到最生动、自然的照片。

▲ 使用变焦镜头拍摄，即使是在距孩子较远的地方，想要拍摄到孩子们纯真自然的表情也是轻而易举的

抓住最生动的表情

儿童的情感单纯、情绪易变，前一分钟在开怀大笑，后一分钟就有可能号啕大哭。为了真实地记录下他们的喜怒哀乐，最好以抓拍的方式进行拍摄，在拍摄时除了灿烂的笑容外，还应该包括哭泣的、生气的、发呆的、沉默的、搞怪的等不同表情，他们的每一个表情和动作，都有可能成为一幅妙趣横生的摄影作品。

▲ 孩子生动、自然的表情尽显其天真烂漫的个性

使用高速快门及连拍设置

由于孩子不像大人那样容易沟通，而且其动作也是不可预测的，因此在拍摄时，应选择高速快门、连拍方式及连续伺服自动对焦模式进行拍摄，以保证能够成功、连贯地进行拍摄。

对相机本身来说，要提高快门速度，除了增大光圈以外，就是提高感光度了，但为了保证拍摄出的画面中儿童的皮肤较为柔滑、细腻，就不能使用太高的感光度设置。因此，摄影师需要综合考虑这两个因素，设置一个较为合适的感光度数值。

▲ 使用高速快门及连拍设置，将泳池里孩子一连串的动作都清晰地记录了下来

拍摄要点：

为了捕捉儿童的精彩瞬间，可以使用人工智能伺服自动对焦模式与连拍模式，从而在儿童运动时也能够自动跟随进行合焦。

当快门速度无法满足需求时，一定要果断增大光圈或提高ISO感光度，即使画面出现一定的噪点，也要好过画面拍虚。

拍摄经验：在拍摄儿童时，保持轻松、愉快的氛围非常重要，摄影师可以通过参与儿童正在进行的游戏，也可以由家人或摄影助理负责分散儿童的注意力，从而使其流露出最自然、最真实的举止。摄影师还应该在拍摄过程中多鼓励孩子，让孩子树立起信心，这也有助于拍摄到最自然、真实的儿童世界。

采用平视的视角拍摄儿童

不少摄影初学者在拍摄儿童时，总是站着以俯视的角度拍摄，殊不知这种角度会使照片中的儿童显得低矮，腿看起来很短，头部显得很大。

专业的儿童摄影师基本上都会用平视的角度进行拍摄，这种角度给人一种自然、真实的感觉，更容易拍出好照片。

焦　　距▷50mm
光　　圈▷F2.8
快门速度▷1/125s
感 光 度▷ISO100

▶ 采用平视的角度拍摄儿童，使画面更加真实、自然

禁用闪光灯以保护儿童的眼睛

强光会对婴儿眼神经系统造成不良影响，因此，拍摄3岁以下的宝宝时一定不要使用闪光灯。在室外时通常比较容易获得充足的光线，而在室内时，应尽可能打开更多的灯或选择在窗户附近光线较好的地方进行拍摄，以提高光照强度，然后配合高感光度、镜头的防抖功能及倚靠物体等方法。

▲ 由于孩子的眼睛非常娇嫩，拍摄时应关闭闪光灯

焦　　距▷50mm
光　　圈▷F1.8
快门速度▷1/320s
感 光 度▷ISO400

用玩具调动孩子的积极性

孩子顽皮的天性会导致他们的注意力很容易被一些事物吸引，从而使拍摄者需要花费很多的时间来吸引孩子的注意力。

拍摄可以通过使用玩具来引导儿童，也可以把儿童放进玩具堆中自己玩耍，然后摄影师通过抓拍的方法，采用更合理的光线、角度等对其进行拍摄。

焦　　距 ▷ 50mm
光　　圈 ▷ F5.6
快门速度 ▷ 1/400s
感 光 度 ▷ ISO100

▶ 在道具的配合下，整个画面看起来更生动、更活泼，也使儿童的表情更自然地流露

食物的诱惑

美食对儿童有巨大的诱惑力，利用孩子们喜爱的美食可以调动孩子们的兴趣，从而拍摄到儿童趣味无穷的吃相。

拍摄经验：拍摄时应该将注意力聚焦在孩子的面部，至于衣服是否被弄脏、东西是否掉在了地上，都不重要。

焦　　距 ▷ 100mm
光　　圈 ▷ F3.2
快门速度 ▷ 1/125s
感 光 度 ▷ ISO100

▶ 孩子看着美食时渴望的眼神，看上去很萌

值得记录的五大儿童家庭摄影主题

眼神

俗话说“眼睛是心灵的窗户”，在表现儿童面部表情的照片中，其眼睛就是整个画面的视觉中心。

一般来说，让儿童的眼睛直视镜头的情况比较常见，这种方法能够直接传递人物的心情，让观者觉得更亲切，没有距离感。

▶ 在拍摄孩子的时候，表现眼神是至关重要的。像这两张照片中，小孩的纯净眼神使画面灵动起来

表情

儿童的表情总是非常自然、丰富的，时而欢笑颜开、时而紧皱眉头。

将儿童丰富的表情真实地表现在照片中，并配以合适的构图与光影效果，就能够让照片看上去与众不同。

▲ 孩子开心大笑的样子真是可爱至极，没有哪个摄影师不想赶快抓拍下来这一闪而过的瞬间

焦　　距 ▶ 135mm
光　　圈 ▶ F5.6
快门速度 ▶ 1/500s
感 光 度 ▶ ISO200

身形

拍摄儿童除表现其丰富的表情外，其多样的肢体语言也有着很大的可拍性，包括其有意识的指手画脚，也包括其无意识的肢体动作等。

摄影师还可以在儿童睡觉时对其娇小的肢体进行造型，凸显其可爱身形的同时，还能组织出颇具小品样式的画面以增强趣味性。

▲ 这是孩子在熟睡过程中的一组照片，无意识的肢体语言展现了其娇憨可爱，难怪摄影师也要将其记录下来

与父母的感情

孩子跟父母在一起时，表情是最自然的，他们对父母的信任、依赖可以消除拍摄给孩子带来的焦虑和恐慌感。同时，亲子间温馨、美好的感觉还可以为照片增添色彩。

▲ 当孩子与父母在一起时表现出来的自然、和谐，最能体现出温暖的亲情，这也就决定了摄影师所拍下的无疑是最自然、最温馨的家庭照片

兄弟姐妹之间的感情

兄弟姐妹之间的感情可以用血浓于水来形容，那份与生俱来的感情，让他们相互支持，彼此照顾，开心快乐。

合影是表现兄弟姐妹之间的感情的最佳方式之一。如果是俩人合影，拍摄起来并没有太多难度，但是多人合影，则一定要注意彼此之间不要重叠，而且要多拍数张，以便能够从中选出所有小伙伴的动作与表情都比较到位的照片。

▲ 身穿卡通衣服的小伙伴感情亲密无间，可爱有趣

焦　距 ▷ 50mm
光　圈 ▷ F4
快门速度 ▷ 1/640s
感光度 ▷ ISO200

第15章 建筑摄影

表现建筑物的内景

在拍摄建筑时，除了拍摄外部结构之外，也可以进入建筑物内部拍摄内景，如大型展馆、歌剧院、寺庙、教堂等建筑物内部都有许多值得拍摄的绘画及装饰作品。

由于建筑物室内的光线通常弱于室外，如果以手持方式拍摄，要注意确保快门速度高于安全快门速度。常用的拍摄方法是使用较大的光圈、较高的感光度，开启镜头防抖功能等。

焦　距 ▷ 17mm
光　圈 ▷ F8
快门速度 ▷ 1/8s
感 光 度 ▷ ISO400

▶ 在室内拍摄时可使用三脚架来固定相机，以得到清晰的画面效果

通过对比表现建筑的宏伟规模

许多建筑都有惊人的体量，游览过埃及金字塔的游客都用“震撼”来表达自己的心情，而步行在遥望起来绵延不绝的万里长城时，也只能“惊叹”其长度，这种感受大多来源与游客自身与建筑规模的对比。

在拍摄建筑时，也可以利用对比来表现建筑的宏伟规模，例如，可以在画面中安排游人、汽车等观看者容易辨识其体量的陪体，通过这些陪体与建筑的对比，衬托出建筑物的宏伟。

▶ 游人与建筑之间形成的对比，大大强化了建筑本身宏伟、壮观的气势

拍摄要点：

单纯观察画面中的建筑，其体量看起来小了很多，但若让画面中的游人与建筑进行对比，则建筑宏伟立刻被凸显出来。

以侧光进行拍摄，可以很好地表现出建筑本身的立体感及外部特征。

使用矩阵测光模式测光后，应适当降低0.7挡左右的曝光补偿，以更好地表现蓝天、白云及建筑本身的纹理与细节。

发现建筑中的韵律

韵律原本是音乐中的词汇，但实际上在各种成功的艺术作品中，都能够找到韵律的痕迹，韵律的表现形式随着载体形式的变化而变化，但均可给人以节奏感、跳跃感。

建筑摄影创作也是如此，建筑被称为凝固的乐曲，这本身就意味着在建筑中隐藏着流动的韵律，这种韵律可能是由建筑线条形成的，也可能是由建筑自身的几何结构形成的。

因此在拍摄建筑时，需要不断地调整视角，通过在画面中运用建筑的语言为画面塑韵律，拍摄出优秀的照片。

▲ 以稍倾斜的角度拍摄建筑内的线条，使之以近大远小的方式呈现出非常好的韵律感

焦　　距 ▶ 15mm
光　　圈 ▶ F5.6
快门速度 ▶ 1/50s
感 光 度 ▶ ISO100

精彩的局部细节

许多建筑不仅宏伟、壮观，在细节方面也极具美感。例如，北京的故宫、加得满都的杜巴广场、曼谷的大皇宫，从高处鸟瞰能够感受到建筑的整体宏大规模与王者气势，在近处欣赏会为其复杂的雕刻、精美的绘画及繁复的装饰细节之美折服。

在拍摄这样的建筑时，除了利用广角镜头表现其整体美感，还要学会利用长焦镜头以特写景别表现其细节之美。

▲ 仅通过表现局部的屋檐，其精致的结构一样可以让人感受到其整体的气势与精美

焦　　距 ▶ 75mm
光　　圈 ▶ F9
快门速度 ▶ 1/125s
感 光 度 ▶ ISO320

合理安排线条使画面有强烈的空间透视感

透视是一个绘图术语，由于同样大小的物体在现实的视觉中呈现出远小近大的现象，因此绘画者可以据此在平面上分别绘制不同空间位置及大小的物体，使二维平面上的画面看起来具有三维空间感。

拍摄建筑题材的作品时，要充分运用透视规律，使画面能够体现出建筑物的空间感。通常，拍摄时在建筑物中选取平行的轮廓线条，如桥索、扶手、路基，通过构图手法使其在远方交汇于一点，即可营造出强烈的透视感，这样的拍摄手法在拍摄隧道、长廊、桥梁、道路等题材时也很常用。

如果所拍摄的建筑物体量不够宏伟、纵深不够大，可以利用广角镜头夸张强调建筑物线条的变化，或在构图时选取排列整齐、变化均匀的对象，如一排窗户、一列廊柱、一排地面的瓷砖等进行拍摄。

▲ 使用广角镜头拍摄建筑的长廊，建筑内部的线条形成了一点透视关系，在广角镜头近大远小的作用下，其透视感更加突出，从而使观者感受到画面强烈的空间纵深感

焦　　距 ▶ 15mm
光　　圈 ▶ F2.8
快门速度 ▶ 1/30s
感 光 度 ▶ ISO200

表现建筑的轮廓美

许多建筑物的外观造型非常美观，在傍晚拍摄这样的建筑物时，如果选取逆光角度，可以拍摄出漂亮的剪影效果。

具体在拍摄时，只需要针对天空中亮处进行测光，建筑物就会由于曝光不足而呈现出黑色的剪影效果，如果按此方法得到的是半剪影效果，可以通过降低曝光补偿使暗处更暗，建筑物的轮廓外形更明显。

拍摄要点：

使用点测光模式对灰色天空进行测光，然后按下AE-L/AF-L按钮以锁定曝光，再进行构图、对焦、拍摄。由于天空与建筑的明暗反差非常明显，因此可以自然地获得建筑的轮廓效果。

使用单个对焦点对建筑与天空的交接处进行对焦，可以实现更高的对焦成功率。

设置“背阴”白平衡，可以获得暖调的环境色效果。

适当增加0.7挡左右的曝光补偿，能够在充分展现天空细节的前提下增加太阳的亮度，同时还能够显示出一部分建筑的细节内容。

▲ 逆光下的建筑，呈现出其简约的轮廓，配合建筑本身具有特色的造型，使画面充满艺术感

焦　　距 ▷ 85mm
光　　圈 ▷ F10
快门速度 ▷ 1/400s
感 光 度 ▷ ISO200

以标新立异的角度进行拍摄

拍惯了大场景建筑的整体气势以及小细节的质感、层次感，不妨尝试拍摄一些与众不同的画面效果，不管是历史悠久的，还是现代风靡的，不同的建筑都有其不同寻常的一面。

例如，利用现代建筑中用于装饰的玻璃、钢材等反光装饰物，在环境中有趣的景象被映射其中时，通过特写的景别进行拍摄，或者通过水面的倒影表现建筑。

总之，只要有一双善于发现美的眼睛以及敏锐的观察力，就可以捕捉到不同寻常的画面。在实际拍摄过程中，可以充分发挥想象力，不拘泥于小节，自由地创新，使原本普通的建筑在照片中呈现出独具一格的画面效果，形成独特的拍摄风格。

▲ 以平视的角度拍摄房顶，并将天窗置于右下方的黄金分割点处，画面极为简洁，又不失主次关系，非常好地表现出了建筑局部的特点

焦　　距▷200mm
光　　圈▷F5.6
快门速度▷1/320s
感 光 度▷ISO200

拍摄要点：

使用镜头的中长焦端，截取建筑的局部进行拍摄。

使用矩阵测光模式对构图内的景物进行测光，并适当降低0.7挡的曝光补偿，以更好地表现瓦片表面的质感。

启用“动态D-Lighting”功能，以尽量恢复高光与暗部的细节图像。

利用仰视、俯视拍摄纵横交错的立交桥

现代城市中存在很多纵横交错的立交桥，想要将这些立交桥错综复杂的走向及宏大的规模表现出来，可以采取仰视及俯视这两种角度进行拍摄。

在拍摄时，首先需要找到一个较低或较高的位置，设置小光圈以获取有较大景深的画面，以将桥梁在画面中清晰地呈现出来。在取景时可以选择局部构成具有抽象意味的部分，也可以用广角镜头尽可能多地将桥体纳入画面以表现其修长的造型、宽广的跨度。

专业摄影师在拍摄桥梁时，为了追求高视角，甚至会雇用专业的飞机进行航拍。但实际上如果能够找到足够高的楼且能够以不错的角度看到要拍摄的立交桥，也可以使用适当焦距的镜头来进行俯视拍摄。

建议选择在夜晚进行拍摄，因为此时可以将地面上与主体无关的景物隐藏在暗夜里，并且能够拍摄到车流交织的繁华景象，以得到更漂亮的画面。

拍摄要点：

将相机固定在三脚架上，以保证相机的稳定，并调整好焦距与视角，以确定画面的基本构图。

使用单个对焦点对中景处的桥梁进行对焦，并使用光圈优先模式，设置较小的光圈，以保证前景与背景均能够获得足够的景深。

▲ 以仰视的角度，在较强的光线下拍摄纵横交错的桥梁局部，使画面中的桥梁不仅有很强的力度感，而且彼此交错的线条使画面有一种形式美

焦　　距 ▷ 35mm
光　　圈 ▷ F20
快门速度 ▷ 30s
感 光 度 ▷ ISO400

焦　　距 ▷ 35mm
光　　圈 ▷ F16
快门速度 ▷ 20s
感 光 度 ▷ ISO400

▶ 以俯视角度拍摄城市鸟瞰图，冷暖色的对比，更凸显出城市的热闹与繁华

第16章

「夜景摄影」

拍摄夜景必备的器材与必须掌握的相机设置

三脚架

由于拍摄夜景多采用慢速快门拍摄，因此摄影师必须使用三脚架以解决手持相机不稳定的问题。由于使用三脚架后，可以大幅度延长曝光时间，而不必担心相机的稳定性。因此，在拍摄时可以大胆使用最低的感光度与较小的光圈，从而获得清晰范围较大、画质纯净的夜景照片。

拍摄经验：在拍摄前一定要确认稳定性，排除任何可能引起三脚架晃动的因素。比如对于可以拉出4节的三脚架，最好不要使用最下面的一节，而且中间的升降杆也不要提升得太高；如果是在有风的天气拍摄，可以在三脚架的底部挂上一个重物（不得超出三脚架能承受的重量）。

▲ 三脚架

▲ 通过超长时间的曝光，让原来隐藏在夜色中的天空、云彩、建筑等景物一一显现出来。神秘的、淡淡的紫色调更为城市渲染了一分繁华的气氛。要完成这样一幅优秀的作品，需要使用一副坚固、稳定的三脚架

焦　距 ▷ 14mm
光　圈 ▷ F16
快门速度 ▷ 25s
感光度 ▷ ISO200

快门线和遥控器

快门线是一种与三脚架配合使用的附件，在进行长时间曝光时，为了避免手指直接接触相机而产生震动，会经常用到快门线。

遥控器的作用与快门线一样，使用方法类似于我们使用电视机或者空调的遥控器，只需要按下遥控器上的按钮，快门就会自动启动。

下面展示的是与Nikon D750配合使用的快门线与遥控器。

▲ 适用于Nikon D750的MC-DC2快门线

▲ 适用于Nikon D750的ML-L3无线遥控器

▼ 在这幅进行了超长时间曝光的作品中，使用快门线来控制相机拍摄，保证在按下快门时不会产生任何的晃动

焦　距 ▷ 18mm
光　圈 ▷ F10
快门速度 ▷ 8s
感 光 度 ▷ ISO100

遮光罩

夜晚的城市由于璀璨的灯光显得格外迷人、美丽，但对于摄影师而言，这些灯光有时是拍摄的主题，有时却可能成为导致拍摄失败的主要因素。因为这些灯光可能进入镜头而在画面中形成眩光或鬼影，特别是使用广角镜头拍摄时，一定要注意周围是否有这样的光源存在。

为了防止画面中产生眩光或鬼影，必须要使用遮光罩来减少杂光。

反光板弹起

在使用快门线进行长时间曝光拍摄时，建议大家使用反光板弹起释放模式。

反光板是一片表面上镀有银色反光物质的玻璃，作用是将通过镜头的光线反射到五棱镜中，再通过五棱镜反射到光学取景器中，从而使摄影师能够通过目镜进行取景拍摄。

由于相机的感光元件位于反光板的后面，因此在按下快门的瞬间，反光板会迅速升起，使光线直接到达感光元件上进行曝光，完成曝光后反光板会自动归位。

实践证明，反光镜升起的动作会给相机带来轻微的振动，这种轻微的振动会使影像发生一定程度的模糊，而要避免这个轻微振动对画面造成的影响，就应选用“反光板弹起”释放模式。

▲ 在使用三脚架、快门线的同时，配合反光板弹起释放模式，进一步避免了拍摄时相机内部可能产生的震动，从而最大限度地保证了夜景拍摄时的画面质量

焦　距 ▷ 18mm
光　圈 ▷ F16
快门速度 ▷ 1.6s
感 光 度 ▷ ISO100

知识链接：使用反光板弹起的步骤

（1）选择反光板弹起模式。

（2）确定好构图并对焦，然后完全按下快门释放按钮以弹起反光板。

（3）再次完全按下快门释放按钮进行拍摄。为避免由于照相机移动引起的照片模糊，需平稳地按下快门释放按钮，或者使用另购的遥控线或无线遥控器，拍摄结束时反光板将会降下。

在使用这一功能时要注意，由于反光板弹起，相机的图像传感器将会直接裸露在环境中，因此要尽量避免太阳或强光的直射，否则可能会损坏相机的感光元件。

操作步骤：按下释放模式拨盘锁定解除按钮，然后转动释放模式拨盘将MUP图标转至白线即可

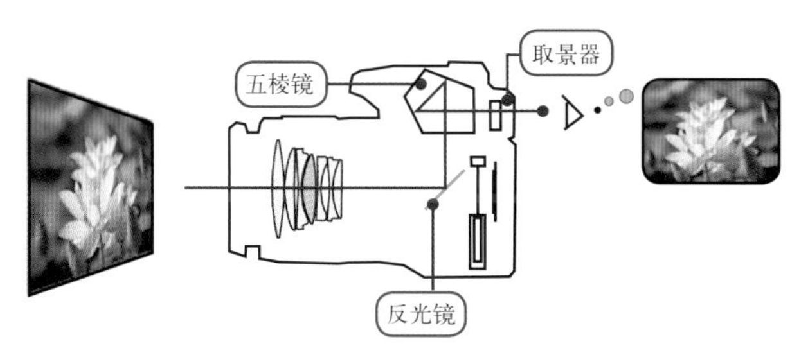

▲ 取景时反光镜处于下垂状态

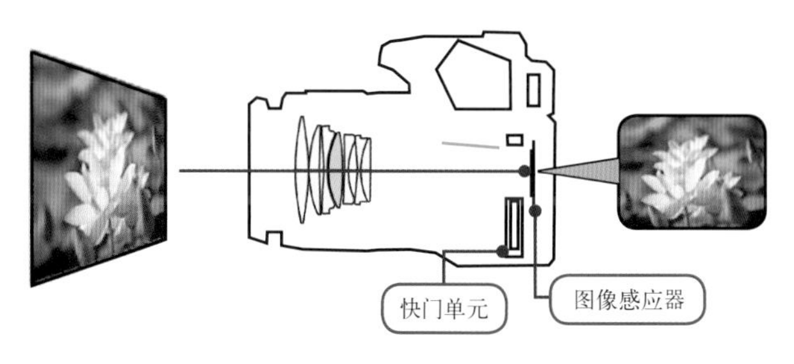

▲ 拍摄时反光镜将弹起

使用正确的测光模式

拍摄城市夜景时，由于场景的明暗差异很大。为了获得更精确的测光数据，通常应该选择中央重点测光模式或点测光模式，然后选择比画面中最亮区域略弱一些的区域进行测光，以保证高光区域能够得到足够的曝光。

另外，还需要做出-0.3EV到-1EV负向曝光补偿，以使拍摄出来的照片有深沉的夜色。

拍摄经验：在拍摄时可以使用包围曝光功能，从而提高出片率。

使用正确的对焦方法

由于夜景的光线较暗，可能会出现对焦困难的情况，此时可以使用相机的中央对焦点进行对焦，因为通常相机的中央对焦点的对焦功能都是最强的。

此外，还可以切换至手动对焦模式，再通过取景器或实时取景来观察是否对焦准确，并进行试拍，然后注意查看是否存在景深不够大导致变虚的问题，如果照片的景深不足，可以缩小光圈以增大景深。

▲在这幅照片中，可以对中景处的建筑处进行准确对焦，并通过使用广角焦距，配合较小的光圈设置，获得足够的画面景深

焦　　距▷34mm
光　　圈▷F18
快门速度▷20s
感 光 度▷ISO800

启用长时间曝光降噪功能

夜景拍摄时，由于光线不足，因此在与白天相同的感光度设置时，会产生更多的噪点。

为获得高质量的画面效果，应尽可能采用较低的感光度，从而尽量减少画面产生的噪点。另外，要启用长时间曝光降噪功能，以在最大限度上减少画面中的噪点。

▲ 在这幅照片中，由于曝光时间较长，因此相对会产生更多的噪点，通过启用长时间曝光降噪功能，可以在很大程度上消除这些噪点，但要注意也会减少图像中的细节

焦　距 ▷ 35mm
光　圈 ▷ F22
快门速度 ▷ 13s
感 光 度 ▷ ISO400

知识链接：长时间曝光降噪设置方法

“长时间曝光降噪”功能可以在用户使用1 秒或更长时间的快门速度拍摄时，有效减少噪点。

- 开启：对所有 1 秒或更长的曝光时间的拍摄操作都进行降噪处理。
- 关闭：不会启动“长时间曝光降噪”功能。

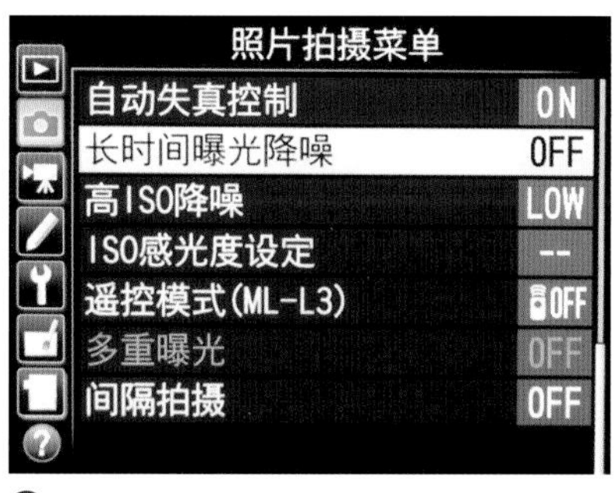

❶ 在**照片拍摄**菜单中选择**长时间曝光降噪**选项

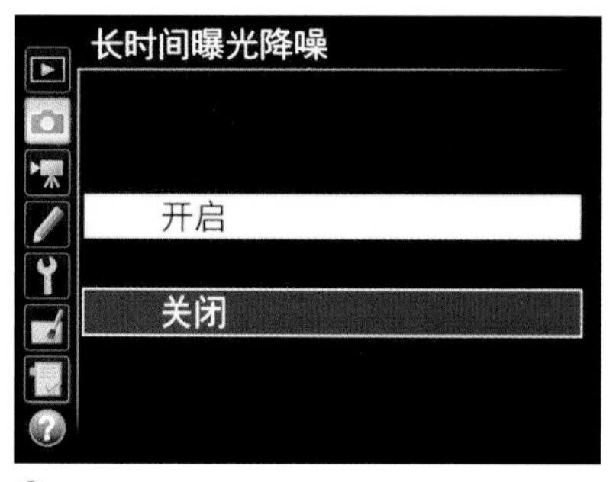

❷ 按▲或▼方向键选择**开启**或**关闭**选项，然后按下OK按钮

降噪过程需要一定的时间，而这个时间可能与拍摄时间相同，并且如果在“长时间曝光降噪”设置为“开启”时，那么在快门速度/光圈中将显示“Job nr”直到降噪完成，在这期间将无法继续拍摄照片。因此，通常情况下建议将它关闭，在需要进行长时间曝光拍摄时再开启。

选择拍摄城市夜景的最佳时间

拍摄夜景的最佳时间是从日落前5分钟到日落后30分钟，此时天空的颜色随着时间的推移不断发生变化，其色彩可能按黄—橙—红—紫—蓝—黑的顺序变化，在这段时间里拍摄城市的夜晚能够得到漂亮的背景色。

在这段时间内天空的光线仍然能够勾勒出建筑物的轮廓，因此画面上不仅会呈现星星点点的璀璨城市灯火，还有若隐若现的城市建筑轮廓，画面的形式美感会得到提升。

如果天空中还有晚霞，则画面会更加丰富多彩，绚烂的晚霞、璀璨的城市灯光能共同渲染出最美丽的城市夜景。

拍摄经验：拍摄夜幕中的对象时，通常要进行长时间曝光，为了不浪费时间与拍摄机会，在实际拍摄之前，可以先将ISO调整为一个较高的数值，以较高的快门速度进行预拍摄，并通过观察这张照片对构图或现场拍摄的元素进行优化调整。

焦　　距 24mm
光　　圈 F18
快门速度 30s
感 光 度 ISO100

▲ 趁天色还没有完全黑去，此时利用城市的灯火进行拍摄，可得到漂亮的夜景作品

利用水面倒影增加气氛

如果认为夜景摄影只是地面的建筑和夜空，那么就会痛失美景。在有湖泊、河流的地方拍摄夜景，往往能够拍摄出更漂亮的夜景照片。例如，可以在城市公园里的湖泊边，或者是距家不远的一条河边，只要夜幕降临，灯光辉煌的建筑都会在水面上形成非常美丽的倒影。

拍摄水面倒影的夜景建筑时，一定要精心安排水平线，如果重点表现的是岸上夜景，可以将其置于画面下方三分之一的地方；反之，如果重点表现的是水面中波光粼粼的效果，则应将其置于画面上方三分之一的地方。

拍摄经验：拍摄时一定要关注风速，如果风速较小，水面即使有一点小波浪，由于曝光时间较长也不会对倒影效果形成太大影响。但如果风速较大，最好择日另拍，因为过大的风速会使水面的倒影显得凌乱、破碎。

焦　　距 ▷ 17mm
光　　圈 ▷ F10
快门速度 ▷ 2s
感 光 度 ▷ ISO200

▲ 在蓝色夜空的衬托下，暖调色彩的建筑显得格外突出，摄影师将实物与倒影同时纳入画面，光影荡漾的夜显得异常璀璨

拍摄要点：

使用三脚架固定好相机，并调整好角度与焦距，以确认画面构图。

安装并拧动偏振镜以过滤水面的杂光，使倒影更加清晰。

弱光环境下不容易看清楚偏振镜的效果，此时可尝试切换至LCD显示屏进行观察。

使用快门线或遥控器控制拍摄，以避免手接触相机导致的相机晃动。若没有快门线或遥控器，将相机设置为自拍模式，也可避免触按快门时相机抖动带来的画面模糊。

拍出漂亮的车流光轨

拍摄车流光轨的常见错误是选择在天色全黑时拍摄，实际上应该选择天色未完全黑时进行拍摄，这时的天空有宝石蓝般的色彩，拍摄出来的照片中的天空才漂亮。

如果要让照片的车流光轨有迷人的S 形线条，拍摄地点的选择很重要，应该寻找能够看到弯道的观测地点。如果在过街天桥上拍摄，出现在画面中的灯轨线条，必然是有汇聚感觉的直线条，而不是S 形。

拍摄时要选择快门优先模式或B门曝光模式，在不会过曝的前提下，曝光时间的长短与最终画面上的车流灯轨的长度成正比，如果曝光时间不够长，画面中出现的可能是断开的线条，画面不够美观。

如果要使灯光线条出现在空中，应该以仰视角度拍摄双层巴士。

拍摄经验：虽然使用大光圈能够提高镜头通光量以提高快门速度。但拍摄夜景中的车流时还是应该尽量使用小光圈，以获得较大的景深，使画面中的车流光轨在画面中表现得更加清晰、明显。另外，使用小光圈能够使画面中光线的轨迹变得比较细，即使在画面中车流集中的位置，灯光线条也不会相互混融在一起。

▲ 选择在路况畅通的地段拍摄车流灯轨，看着画面中一条条灯轨，仿佛汽车从身边呼啸而过。在拍摄时一定要使用三脚架和快门线以保证画质清晰

焦　　距 ▶ 17mm
光　　圈 ▶ F18
快门速度 ▶ 30s
感 光 度 ▶ ISO200

利用小光圈拍摄出有点点星光的夜景城市

夜景的城市美在灯光，当暮色将至、华灯初上时，星星点点的灯光为城市织就了绚丽的外衣。

要拍摄出城市的漂亮灯光，使其在画面上闪烁着长长星芒，需要使用较小的光圈，参考的数值范围是F16~F20。光圈越小，灯光越强烈，星芒效果越明显，但随之而来的问题就是需要的曝光时间越长，因此拍摄时的稳定性就必须成为重点考虑的因素，如果希望以手持相机的方式拍摄出漂亮的星光，可以尝试将ISO数值设置为一个较高的数值。

拍摄经验：大量拍摄实践案例表明，拍摄时使用的镜头的光圈叶片数量对画面中灯光的光芒效果有一定影响。当光圈叶片数量为偶数时，光芒的数量和光圈叶片数量相同，且看起来有些生硬。而当光圈叶片数量为奇数时，光芒数量是光圈叶片数的2倍，且效果较好。

▲ 通过使用小光圈将点状灯光拍摄为星芒状，使画面更趋完美

焦　　距 ▶ 18mm
光　　圈 ▶ F22
快门速度 ▶ 10s
感 光 度 ▶ ISO100

星轨的拍摄方法

星轨是一个比较有技术难度的拍摄题材，想拍摄出漂亮的星轨要有“天时”与“地利”。

“天时”是指时间与气象条件，拍摄的时间最好在夜晚，此时明月高挂，星光璀璨，能拍摄出漂亮的星轨，天空中应该没有云层，以避免遮盖住了星星。

“地利”是指城市中的光线较强，空气中的颗粒较多，对拍摄星轨有较大影响。所以，要拍出漂亮的星轨，最好选择大气污染较小的郊外或乡村。

构图时要注意利用地面的山、树、湖面、帐篷、人物、云海等对象丰富画面内容，因此选择地方时要注意。

同时要注意，如果画面中容纳了比星星还要亮的对象如月亮、地面的灯光等，长时间曝光之后，容易在这一部分严重曝光过度，影响画面整体的艺术性，所以要注意回避此类对象。

拍摄要点：

使用三脚架固定好相机，并调整好角度与焦距，以确认基本的画面构图。

因星光比较微弱，可能很难对焦，此时建议使用手动对焦的方式，至于能否准确对焦，则需要反复拧动对焦环进行查看和验证了。如果只有细微误差，设置较小的光圈并使用广角端进行拍摄，可以在一定程度上回避这个问题。

在对焦成功之后，可切换至手动对焦模式，以保证正式拍摄时得到准确的对焦结果。

▲通过很长时间的曝光，星星的运动轨迹变成了长长的线条，将人们看不到的景象记录下来，因而更具震撼人心的力量

焦　　距▶24mm
光　　圈▶F9
快门速度▶3650s
感 光 度▶ISO100

对焦如果困难，应该用手动对焦的方式。此外，还要注意拍摄时镜头的方位，如果是将镜头对准北极星长时间曝光，拍出的星轨会成为同心圆，在这个方向上曝光1小时，画面上的星轨弧度为15°，2小时为30°。而朝东或朝西拍摄，则会拍出斜线或倾斜圆弧状星轨画面。

正所谓“工欲善其事，必先利其器”，拍摄星轨时，器材的选择也很重要，质量可靠的三脚架自不必说，镜头的选择也是重中之重，一般以广角镜头和标准镜头为主，通常选择24~50mm焦距的镜头，焦距太广虽然能够拍摄更大的场景，但星轨在画面上会比较细。

拍摄经验：由于拍摄星轨是在较暗淡的光线下进行，拍摄时通常要使用比较高的ISO感光度，如果曝光时间较长则画面的噪点会非常多。基于此原因，拍摄星轨时也可以采取间隔拍摄的方式，即每次曝光几分钟，但连续不断拍摄许多张，最后在后期处理软件中将这些照片进行合成。按此方法拍摄时，最好使用具有定时拍摄功能的定时遥控器。

▲ 拍摄星轨画面时，将地面景物也纳入画面中，不仅可丰富画面元素，还可衬托出星轨的气势

焦　　距 ▷ 24mm
光　　圈 ▷ F3.2
快门速度 ▷ 1816s
感 光 度 ▷ ISO200

在照片中定格烟花刹那绽放的美丽

拍摄烟花的技术却大同小异，具体来说有三点，即对焦技术、曝光技术、构图技术。

如果在烟花升起后才开始对焦拍摄，等对焦成功烟花也差不多谢幕了。如果拍摄的烟花升起的位置差不多，应该先以一次礼花作为对焦的依据，拍摄成功后，切换至手动对焦方式，从而保证后面每次的拍摄都是正确对焦的。

如果条件允许的话，也可以对周围被灯光点亮的建筑进行对焦，然后使用手动对焦模式拍摄烟花。

在曝光技术方面，要把握两点，一是曝光时间长度，二是光圈大小。烟花从升空到燃放结束，大概只有5~6 秒的时间，而最美的阶段则是烟花在天空中绽放的2~3 秒，因此，如果只拍摄一朵烟花，可以将快门速度设定在这个范围内。

如果距离烟花较远，为确保画面景深，要设置光圈数值为F5.6~F10。如果拍摄的是持续燃放的烟花，应当适当缩小光圈，以免画面曝光过度。

光圈的大小设置要在上述的基础上根据自己拍摄环境的光线反复尝试，不可生搬硬套。

▲ 在经过摄影师耐心等待及适当曝光之后，港湾上美丽璀璨的烟花被表现得非常漂亮

焦　　距 ▷ 50mm
光　　圈 ▷ F9
快门速度 ▷ 5s
感 光 度 ▷ ISO100

拍摄要点：

使用单个对焦点，对可能出现烟花的附近建筑进行对焦，然后切换至手动对焦模式，这样就可以免去拍摄烟花时还需要对焦的麻烦。

使用镜头的广角端及较小的光圈进行拍摄，以获得足够的景深，使前景与背景都足够清晰。

使用B门进行拍摄，以便在烟花出现时即开始曝光，烟花结束后、下一波烟花开始前，即可手动结束曝光，以免过多的烟花重叠在一起，影响视觉效果。

构图时可将地面有灯光的景物、人群也纳入画面中，以美化画面或增加画面气氛。因此要使用广角镜头进行拍摄，以将烟花和周围景物纳入画面。

如果想让多个烟火叠加在一张照片上，可以在拍摄时按下快门后，用不反光的黑卡纸遮住镜头，每当烟花升起，就移开黑卡纸让相机曝光2~3秒，多次之后关闭快门可以得到多重烟花同时绽放的照片。

需要注意的是，总曝光时间要计算好，不能超出合适曝光所需的时间，另外按下B门后要利用快门线锁住快门，拍摄完毕后再释放。

▼ 使用B门结合黑卡拍摄，等待焰火升起时拿开黑卡进行曝光，获得了很多焰火在天空中“盛开”的画面。值得注意的是，随着曝光时间的延长，画面会随之变亮，因此在拍摄时要注意控制曝光时间，以免灯光处过曝

拍摄要点：

拍摄烟花时，应提前预测烟花升起的高度，并在构图时为烟花留出足够的空间。

尽量避免多组烟花完全重叠在一起，这样会影响对烟花的表现和整体的美观程度。

若不善于使用黑卡进行多组烟花的拍摄，可考虑拍摄多个单组烟花，然后通过后期处理将其合成在一起。这样的好处就是可选择的余地较大，而且不用担心烟花重叠的问题。

用放射变焦拍摄手法将夜景建筑拍出科幻感

放射变焦拍摄是指在按下快门时快速旋转镜头的变焦环，让镜头急速变焦，这样拍摄出来的画面会出现明显的放射线，从而使画面产生爆炸的科幻感。

在拍摄时，要快速、稳定地变焦才能得到理想的效果，稍微晃动一下都有可能导致画面模糊。为了保证稳定的变焦过程，得到清晰的爆炸效果，最好使用三脚架。

由于使画面出现放射线条效果的原理是在较短时间内改变焦距，因此拍摄使用的镜头的变焦范围越大越好。

▲ 使用变焦手法拍摄夜景，可以给人以一种很强烈的视觉冲击力

焦　距 ▷ 35mm
光　圈 ▷ F16
快门速度 ▷ 1s
感 光 度 ▷ ISO200

拍摄经验：拍摄时所使用的快门速度和变焦速度对最后画面的表现力起决定性作用。如果快门速度过高，而转动变焦环的速度低，则可能导致还没有完成变焦操作，曝光就已经完成，此时画面中的线条会比较短。

而如果快门速度低、转动变焦环的速度高，则可能出现在完成变焦操作后，仍然需要曝光过一段时间的情况，此时画面中的线条会显得不十分清晰。因此，在拍摄时需要反复调整快门速度与变焦速度，从而使画面的整体亮度、线条长度与清晰度得到一个平衡。

快门速度与拧动变焦环的速度也应协调、统一。例如在3秒的曝光时间内，要从24mm端过渡到70mm端，则应提前进行简单的测试，保证拧动变焦环的过程中是匀速的，这样可以最大限度地保证画面中的线条是直线，而不是扭曲的曲线。

另外，在扭转变焦环时，既可以从镜头的广角端向长焦端转动，也可以自镜头的长焦端向广角端转动，两种转动方式得到的画面也各有趣味，值得尝试。

第17章

宠物与鸟类摄影

宠物摄影

用高速连拍模式拍摄运动中的宠物

宠物不会像人一样有意识地配合摄影师的拍摄活动，其可爱、有趣的表情随时都可能出现，如果处于跑动中，前一秒可能在取景器可视范围内，后一秒就可能已经从取景器无法再观察到。

因此，如果拍摄的是运动中的宠物，或这些可爱的宠物做出有趣表情和动作时，要抓紧时间以连拍模式进行拍摄，从而实现多拍优选。

拍摄经验：在拍摄时如果希望宠物活跃起来，可以给它们一个新奇的玩具让它们玩耍起来，这样就能够用较高的快门速度拍摄到极具趣味性的画面了。

▲ 可通过设置高速连拍模式记录下猫咪打闹嬉戏的过程

焦　距 ▷ 50mm
光　圈 ▷ F5.6
快门速度 ▷ 1/50s
感 光 度 ▷ ISO200

在弱光下拍摄要提高感光度

无论是室内还是室外，如果拍摄环境的光线较暗，就必须提高感光度数值，以避免快门速度低于安全快门。Nikon D750在高感光度下拍摄时，抑制噪点的性能还算优秀，而且绝大多数摄影爱好者拍摄的宠物类照片属于娱乐性质，而非正式的商业性照片。因此对照片画质的要求并不非常高，在这样的前提下，拍摄时是可以较为大胆地使用ISO1600左右的高感光度进行拍摄。

▲ 拍摄室内玩耍的小猫咪时，由于光线较暗，为了确保猫咪能够清晰呈现，摄影师设置了较高的感光度

焦　距 ▷ 50mm
光　圈 ▷ F1.4
快门速度 ▷ 1/160s
感 光 度 ▷ ISO1600

散射光表现宠物的皮毛细节

拍摄宠物时，如果想要表现宠物的皮毛细节或者质感，建议使用散射光。

散射光下拍摄的画面没有明显的阴影，过渡也更加自然，所以更加适合于表现宠物的皮毛细节。

▲ 在散射光线下，很好地表现出了猫咪的皮毛细节

焦　距▷40mm
光　圈▷F4.5
快门速度▷1/60s
感 光 度▷ISO320

逆光表现漂亮的轮廓光

轮廓光又称为“隔离光”、“勾边光”，当光线来自被拍摄对象的后方或侧后方时，通常会在其周围出现。

如果在早晨或黄昏日落前拍摄宠物，可以运用这种方法为画面增加艺术气息。

拍摄时，要将宠物安排在深暗的背景前面，使明亮的边缘轮廓与背景形成明暗反差。以点测光模式对准宠物的轮廓光边缘进行测光，以确保这一部分曝光准确，测光后重新构图，并完成拍摄。

拍摄要点：

尽量使用镜头的长焦端在远处拍摄，以避免吓跑宠物。

选择适合逆光拍摄的角度，并使用点测光模式对宠物进行测光，然后按下自动曝光锁定按钮以锁定曝光，再进行构图、对焦、拍摄。

适当降低0.7挡左右的曝光补偿，以更好地表现宠物的毛发质感。

焦　距▷195mm
光　圈▷F5.6
快门速度▷1/800s
感 光 度▷ISO200

▶ 摄影师以逆光光线进行拍摄，小猫的毛发边缘将其体形勾勒得十分漂亮

鸟类摄影

长焦或超长焦镜头是必备利器

因为鸟类容易受到人的惊扰，所以通常从远处拍摄，这时就要用200mm以上焦距的镜头，使被摄的鸟在画面中占有较大的面积。使用长焦镜头拍摄的另一个优点是，在一些不易靠近的地方也可以轻松拍摄到鸟类，如在大海或湖泊上。

总体来说，可以将拍摄鸟类的器材分为三种：

业余型：具有较长焦距的变焦镜头，是很多普通摄影爱好者的选择，例如适马AF 150-500mm F5-6.3APO EX HSM DG RF OS。其变焦范围通常能够满足大部分情况下的鸟类拍摄需求，而且价格也较为便宜。但在成像质量、最大光圈等方面有明显不足。

入门型：选择一款光圈稍小的定焦镜头，或性能较为优越的长焦变焦镜头，可以在拍摄时满足更为苛刻的要求，这种镜头比业余变焦镜头的自动对焦速度要快得多，而且更加锐利和清晰，结合好光线，可以拍到很好的照片。例如AF-S 300mm f/4D IF-ED。

专业型：专业的鸟类摄影多以定焦镜头为主，而且其光圈也是该焦段下的最大光圈，例如 AF-S 600mm f/4G ED VR，这样的镜头在对焦速度、成像质量等素质上自不必说，但其价格是很多摄影师所无法接受的。

▲ 使用长焦镜头，清晰地拍下鸟儿的全身，配合大光圈的设置，使其在蓝色水面背景的衬托下非常突出

焦　距 ▷ 285mm
光　圈 ▷ F5.6
快门速度 ▷ 1/1600s
感 光 度 ▷ ISO400

善用增距镜

如果不想购买价格昂贵的长焦镜头，购买一只1.4倍或2倍的增距镜也是不错的选择，但这样做会降低相应的光圈挡数。例如安装2倍的增距镜，则原来F2.8的最大光圈将变为F5.6，即被缩小2挡。

拍摄经验：由于目前增距镜的制造技术还有待提高，因此只推荐使用1.4倍的增距镜，它可以在对焦、焦距、光圈及画质等多方面因素之间取得一个比较好的平衡；2倍的增距镜虽然可以获得更长的焦距，但安装后相机的各方面性能也下降得比较严重，因此不推荐使用。

▲ 通过使用增距镜，可以更好地表现草丛中的鸟儿

焦　　距 ▷ 600mm
光　　圈 ▷ F4.5
快门速度 ▷ 1/2000s
感 光 度 ▷ ISO320

知识链接：认识增距镜

增距镜也称远摄变距镜，可以安装在镜头和照相机机身之间，其作用是延长焦距。例如，一只2×增距镜如果安装在200mm焦距的镜头上，拍摄得到的影像将与400mm镜头所拍摄的影像大小一样。

增距镜的优点是，经济、轻便；不足之处是镜头光圈会变小，例如一只最大光圈为F2.8的镜头在安装增距镜后，最大光圈将变为F5.6，景深也会变得很浅；此外，影像的质量也会下降。

要应对增距镜的不足之处，可以在拍摄时采取以下两个措施：

第一，拍摄时收缩一挡或两挡光圈，以改善影像画质。

第二，使用增距镜后，镜头的焦距变得很长，轻微的晃动都会导致成像模糊，因此拍摄时一定要使用三脚架，以确定相机的稳定性。

▲ 增距镜+镜头的组合

优先保证快门速度

鸟的运动速度都是非常快的，要凝固它们飞翔的瞬间，就一定要使用高速快门。通常情况下，应达到1/500s以上，最好能够保持在1/800s以上的快门速度。这样在连拍或单次拍摄时，才能够保证拍摄到清晰的瞬间动作。

▲ 以1/1600s的快门速度拍摄到了在水面上飞翔的老鹰，画面中的老鹰非常清晰

焦　　距 ▷ 600mm
光　　圈 ▷ F6.3
快门速度 ▷ 1/1600s
感 光 度 ▷ ISO320

拍摄要点：

鸟类的警觉性比较高，使用300mm 以上焦距的镜头拍摄可以使它们不受打扰，拍摄到的画面会更加真实自然。

快门速度要足够快以确保鸟儿扇动的翅膀能够清晰呈现。

在使用高速快门时，为了保证获得充分曝光，应适当提高ISO感光度数值。对于尼康 D750数码单反相机来说，即使使用ISO1600也能够获得非常好的画质，完全可以满足高速快门下的曝光需求。

不推荐通过增大光圈的方式保证曝光量，因为使用长焦镜头拍摄时，景深已经比较浅，光圈太大容易导致对焦不准、虚化过度等问题。

高速连拍以捕捉精彩瞬间

鸟类是一种特别易动的动物，它很可能前一刻还在漫步徜徉，下一刻就展翅高飞了。因此在对焦时应采用连续自动对焦方式，以便于在鸟儿运动时能够连续对其进行对焦，最终获得清晰、准确的画面。

▶ 高速连拍模式的使用，把翠鸟捕鱼时精彩的瞬间动作给定格了下来

中央对焦点更易对焦

鸟类的移动非常迅速和灵敏，这就要求摄影师能够在短时间内完成精确对焦。建议使用中央对焦点单点对焦，因其对焦精度要比多点对焦模式的精度要高，而且在镜头追随鸟类移动的过程中，也不容易因其他物体的干扰而误判焦点。

焦　　距 ▷ 340mm
光　　圈 ▷ F6.3
快门速度 ▷ 1/500s
感 光 度 ▷ ISO400

▶ 使用中央对焦点对鸟儿进行对焦拍摄，在虚化背景的衬托下，鸟儿在画面中非常醒目

第18章

「微距摄影」

微距设备

微距镜头

微距镜头无疑是拍摄微距花卉（或其他题材）时最佳的选择，微距镜头可以按照1：1的放大倍率对被摄体进行放大，这种效果是其他镜头无法比拟的。并且在拍摄时可以把无关的背景进行虚化处理，其唯一的缺点是价格比较昂贵。

微距镜头通常都是定焦镜头，根据“定焦无弱旅”的通俗说法，微距镜头的质量通常还是比较让人放心的。

微距镜头推荐	
AF-S 微距尼克尔 60mm F2.8 G ED	AF-S VR 尼克尔 105mm F2.8 G IF-ED

▲ 以微距镜头拍摄附在花瓣上的蜘蛛，浅景深的画面中蜘蛛呈现出不同于肉眼观看到的外貌，满身的绒毛、大大的眼睛看起来十分可爱

焦　　距 ▷ 105mm
光　　圈 ▷ F9
快门速度 ▷ 1/400s
感 光 度 ▷ ISO100

长焦镜头

选择一支长焦镜头也可以拍摄到昆虫的特写，例如70-300mm焦距段的镜头对于一般的特写拍摄已经足够了，而且这样一支镜头还可以满足如拍摄鸟、动物或体育运动等方面的需求，因此性价比较高。

在选购此类镜头时最好选择有防抖功能的型号，毕竟在拍摄昆虫时更多的是手持拍摄而非使用三脚架，但更长的焦距要求更高的快门速度，因此用有防抖功能的镜头能够提高拍摄的成功率。

▲ 使用长焦距镜头可在不会惊扰到蝴蝶的远处将其清晰地拍摄下来

焦　　距 ▷ 180mm
光　　圈 ▷ F11
快门速度 ▷ 1/200s
感 光 度 ▷ ISO1250

拍摄要点：

使用长焦镜头拍摄时，可使用快门优先曝光模式，以高于安全快门速度的数值进行拍摄，以避免画面抖动。

由于长焦镜头景深较小，若要表现昆虫的整体，光圈值最好设置在F4~F8之间，以避免景深过浅导致主体不够清晰的问题。若曝光量不足，可适当提高感光度数值。

拍摄时若无法使用三脚架，为了获得清晰的画面，将快门速度至少要设置为安全快门速度，以确保画面清晰。

在柔光环境下进行拍摄，更容易表现昆虫的身体细节，同时更容易控制画面的曝光。

近摄镜与近摄延长管

近摄镜与近摄延长管均可提高普通镜头的放大倍率，从而使普通镜头具有媲美微距镜头的成像效果。其中，近摄镜是一种类似于滤光镜的近摄附件，用其单独观察景物便如同一只放大镜，口径从52mm到77mm不等。

近摄镜可以缩短拍摄距离，通常可以达到1:1的放大比例，对焦范围约为3～10mm，按照放大倍率分为NO.1、NO.2、NO.3、NO.4和NO.10等多种，可根据不同需要进行选择，而且其价格还非常便宜，往往只需要几十元即可，但拍摄到的图像质量不高，属于玩玩即可的器材类型。

近摄延长管是一种安装在镜头和相机之间的中空环形管，安装在相机与镜头之间，缩短了拍摄距离，提高了相机的微距拍摄性能。由于近摄延长管具有8个电子触点，因此安装后相机仍然可以自动测光、对焦。

尼康出品的近摄延长管的型号为PK-12，但价格较昂贵，性价比较高的是副厂出品的产品，如肯高的近摄延长管，不仅价格便宜，而且还有12、20、36mm三种规格可选，可以单独使用也可以组合在一起使用，以实现不同放大倍率。

▲近摄延长管

▲ MASSA 52mm 口径 +1+2+4 Close-up近摄镜

◀肯高近摄延长管

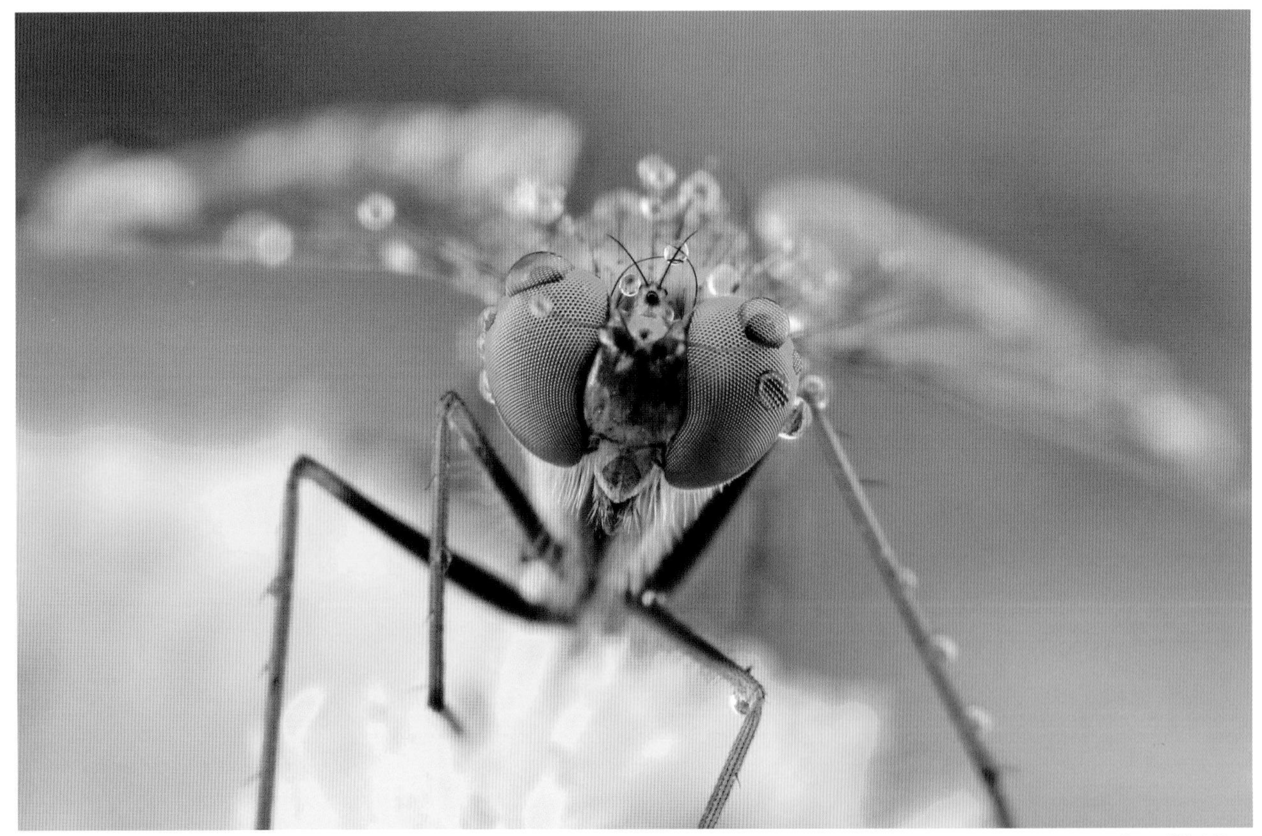

▲使用近摄延长管从正面拍摄的蜻蜓，很好地表现了其身体细节，也使得水珠在虚化背景衬托下更晶莹剔透

焦　　距▷105mm
光　　圈▷F6.3
快门速度▷1/180s
感 光 度▷ISO200

环形与双头闪光灯

对微距摄影而言，真正能够配合高素质微距镜头发挥出其威力的，当然非微距专用的环形/双头闪光灯莫属，只是在价格上较贵。

▲ 通过使用闪光灯为蜻蜓进行少量的补光，使其身体细节更加清晰地展现出来

焦　　距 ▷ 92mm
光　　圈 ▷ F4.5
快门速度 ▷ 1/125s
感 光 度 ▷ ISO100

知识链接：认识环形闪光灯及双头闪光灯

环形闪光灯又称为环闪，多用于微距拍摄，但也可以用在人像摄影领域。环闪能够实现类似于手术台无影灯的照射效果，使被拍摄的对象受光均匀，没有明显的阴影。

双头闪光灯也是常用于微距摄影的一种能够创建无影效果的闪光灯。双头闪光灯由两个闪光灯头组成，这两个灯头不仅能够分别旋转，还能够分别输出强弱不同的闪光，使被拍摄对象出现极具创意效果的阴影。双头闪光灯同样具有闪光曝光补偿、闪光曝光锁、闪光包围曝光、高速同步等普通外置闪光灯所具备的功能。

▲ 双头闪光灯

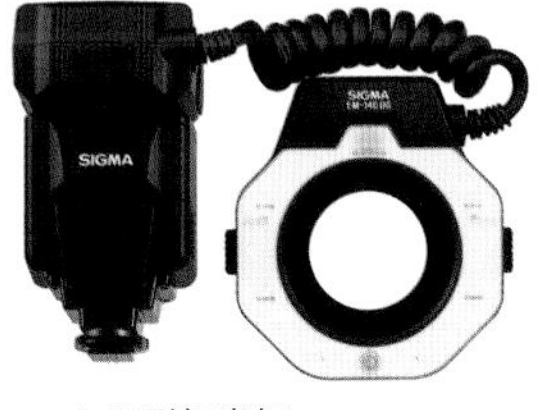

▲ 环形闪光灯

▲ 双头闪光灯闪光示意图

▲ 环形闪光灯闪光示意图

柔光罩

如果闪光灯距离被拍摄对象比较近，为了避免在被拍摄对象的表面留下难看的光斑，建议在闪光灯上增加柔光罩，使光线柔和一些。

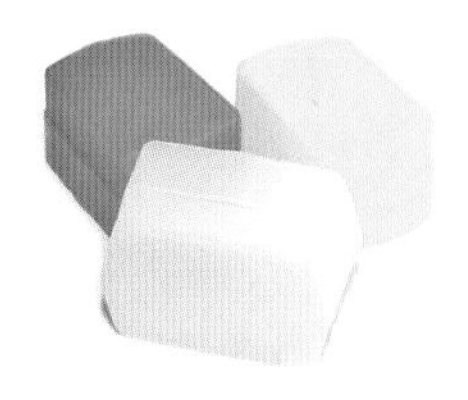

▲ 外置闪光灯柔光罩

▲ 使用柔光罩后拍摄的效果，画面色彩柔和，画质细腻丰富

焦　距 ▷ 105mm
光　圈 ▷ F6.3
快门速度 ▷ 1/640s
感 光 度 ▷ ISO200

三脚架

微距拍摄时要根据所拍摄的对象来考虑是否使用三脚架，如果拍摄的对象是固定不动的静物、花，或行动缓慢的昆虫，则要使用三脚架。

如果拍摄行动迅速的昆虫，通常当摄影师架好三脚架时昆虫早已不知所踪，所以较少使用三脚架。当然，也可以采取“守株待兔”的方法在这类昆虫常出现的地方架好三脚架。耐心等待昆虫进入拍摄区域。

▲ 使用三脚架保持相机稳定，是在进行精致、高倍率的微距摄影时必不可少的

焦　距 ▷ 60mm
光　圈 ▷ F5
快门速度 ▷ 1/125s
感 光 度 ▷ ISO200

合理控制景深

许多初学微距拍摄的朋友以为在拍摄微距照片时，景深越浅越好，有时拍摄出的照片甚至虚化到完全看不出背景的轮廓，实际上从整体画面的美观程度及说明性来看，情况并非如此，虽然微距照片需要虚化背景以突出主体，但过度虚化会导致主体的某一部分也被虚化，同时降低了照片的说明性。

因此，在拍摄时不要使用最大光圈，而应该使用较小的光圈，同时要控制好镜头与被拍摄对象的距离及镜头的焦距，以恰当地控制景深，使整个画面虚实比例得当。

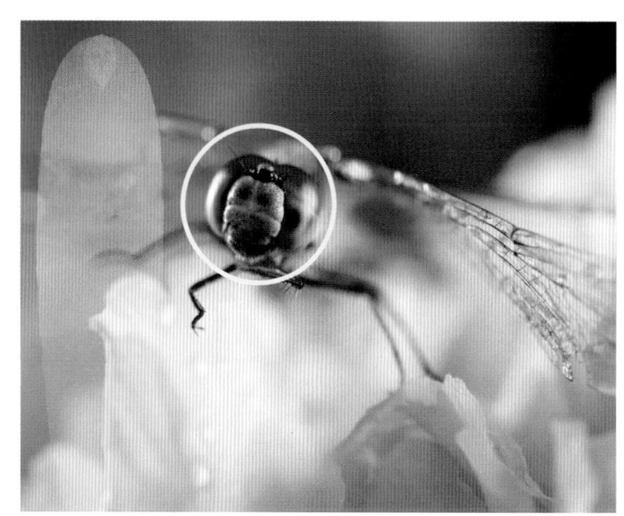

▲ 由于景深过小，画面只有蜻蜓的头部是清晰的，画面整体的感觉较差

焦　　距 ▷ 105mm
光　　圈 ▷ F7.1
快门速度 ▷ 1/15s
感 光 度 ▷ ISO1600

▲ 通过恰当地控制景深，蜻蜓的头部及身体细节都能够很好地表现出来

焦　　距 ▷ 105mm
光　　圈 ▷ F5.6
快门速度 ▷ 1/1250s
感 光 度 ▷ ISO320

对焦控制

自动对焦的技巧

在微距摄影中，画面表现要求相对比较精细。在自动对焦模式下进行拍摄，相机稍有晃动，就有可能导致对焦不准确，出现画面模糊的现象。

所以，自动对焦后尽量不要重新构图，以保证对焦的精确度。

▲ Nikon D750提供了多达51个对焦点，用户可以根据需要，选择昆虫所在位置的对焦点，进行准确对焦，以避免二次构图导致可能对焦不准的问题

焦　距 ▷ 200mm
光　圈 ▷ F4
快门速度 ▷ 1/400s
感 光 度 ▷ ISO250

手动对焦的技巧

如果拍摄的题材是静止的或运动非常迟缓的对象，可以尝试使用手动对焦来更精准地进行对焦。

对焦时要缓慢扭动对焦环，当画面中的焦点出现在希望合焦位置的附近时，可以通过前后整体移动相机来前后移动合焦点。

▲ 通过使用三脚架保持相机稳定，并使用手动对焦的方式，获得清晰的拍摄结果

焦　距 ▷ 90mm
光　圈 ▷ F4.5
快门速度 ▷ 1/800s
感 光 度 ▷ ISO100

利用即时取景功能进行精确拍摄

对于微距摄影而言，清晰是评判照片是否成功的标准之一。由于微距照片的景深都很浅，所以在进行微距摄影时，对焦是影响照片成功与否的关键因素。

一个比较好的解决方法是使用Nikon D750的即时取景功能进行拍摄，在即时取景拍摄状态下，被拍摄对象能够通过显示屏显示出来，并且按下放大按钮🔍，可将显示屏中的图像进行放大，以检查拍摄的照片是否准确合焦。

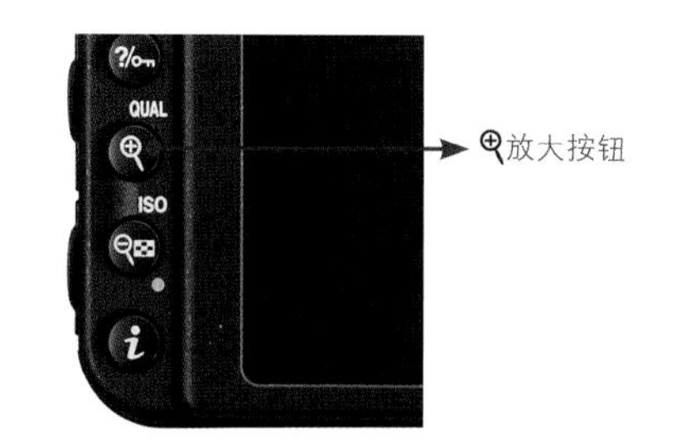

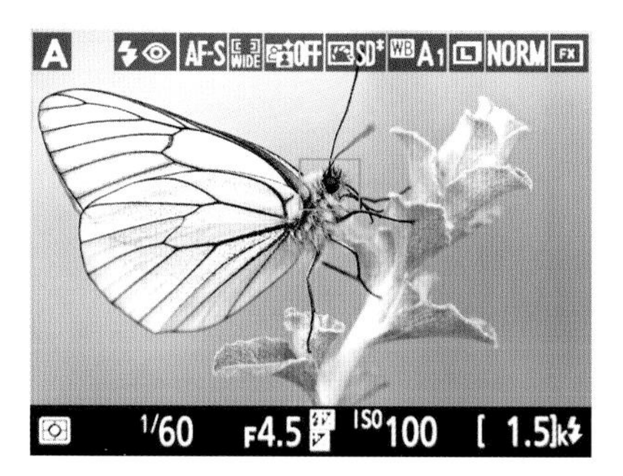

▲ 使用即时取景显示模式拍摄的状态

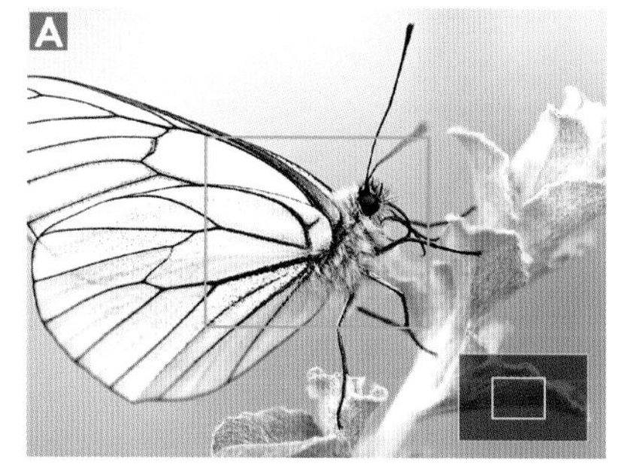

▲ 按下放大按钮🔍后，显示放大对焦框，显示屏右下角的灰色方框中将出现导航窗口。使用多重选择器可滚动至显示屏中不可视的画面区域

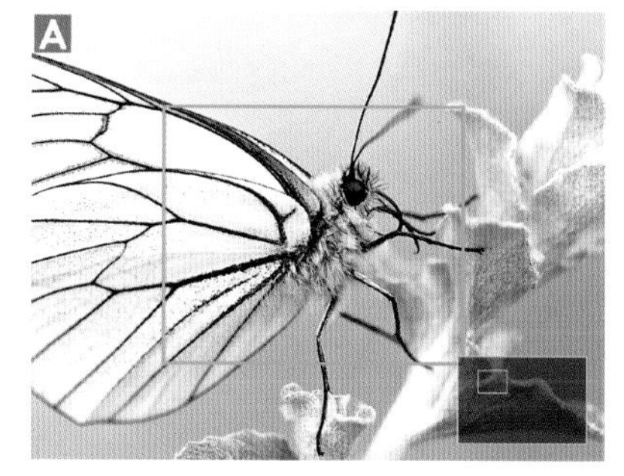

▲ 再次按放大按钮🔍可以继续放大，可以最大放至约19倍

▲ 通过使用LCD显示屏进行放大显示，以进行精确的对焦，从而简单、快速地完成蝴蝶的特写拍摄

焦　　距▷150mm
光　　圈▷F3.2
快门速度▷1/500s
感 光 度▷ISO100

选择合适的焦平面构图

拍摄昆虫时应尽量选用标准的焦平面来构图。焦平面的选择应该尽量与昆虫身体的轴向保持一致，如拍蝗虫一类的长型昆虫，选择焦平面一般与身体平行；对于展开翅膀的昆虫，如蝴蝶，应该使展翅的平面与焦平面平行，也就是尽量用昆虫身体的最大面积与镜头平面保持水平。

但这个规律也不能生搬硬套，例如，以俯视的角度拍摄展开翅膀的蝴蝶时，如果采取镜头与翅膀平面平行的方式拍摄，最终得到的照片可能会类似于博物馆中蝴蝶的标本一样毫无生气。

▲ 以蝴蝶翅膀为基准，选取合适的焦平面来进行构图，可得到不错的视觉效果。侧面——是展现蝴蝶漂亮翅膀最佳的角度之一

焦　　距 ▷ 105mm
光　　圈 ▷ F4.5
快门速度 ▷ 1/640s
感 光 度 ▷ ISO200